KB215223

왜? 우주개발을
해야 하는가!

| 우주개발이 가져올 새로운 사회 |

왜? 우주개발을 해야 하는가!

임종빈 지음

우주개발을 통해 얻은 성과는 무엇이며, 앞으로 새롭게 얻게 될 혜택은 무엇일까?

이 책에서는 우주개발의 필요성에 대한 다채로운 생각들을 분석·정리하였다.
그리고 향후 새로운 우주개발을 통해 얻을 수 있는 다양한 사회변화를 설명한다.

좋은땅

목차

Part 3

우주개발이 줄 수 있는 새로운 미래 변화

Part 4

인류가 앞으로 나아갈 수 있게 해 주는 우주

우주개발이란 무엇일까?

우리나라 우주개발진흥법에 의하면 "우주개발이란 '인공우주물체의 설계·제작·발사·운용 등에 관한 연구활동 및 기술개발활동' 및 '우주공간의 이용·탐사 및 이를 촉진하기 위한 활동'"이라고 정의하고 있다.[1]

이러한 정의를 통해 떠올릴 수 있는 것은 '위성', '발사체', '탐사선' 등의 개발과 발사일 것이다.

우리나라 최초로 실용위성을 발사할 수 있도록 개발된 발사체 '누리호', 우리나라 최초의 우주탐사선(달 탐사) '다누리'가 아마 최근 기억에 남을 우주개발의 성과일 것이며, 이러한 '인공우주물체'의 개발·확보가 우주개발이라고 인식될 것이다.

여기서 이러한 인식을 조금만 확대해 보자.

먼저 '우주개발'에서 "우주는 행성, 별, 은하계 그리고 모든 형태의 물

---

[1] 우주개발진흥법

왜? 우주개발을 해야 하는가!

질과 에너지를 포함한 모든 시공간과 그 내용물 모두를 통틀어 이른다.[2]"라고 정의되고 있다.

또한, "개발이란? 1) 토지나 천연자원 따위를 유용하게 만듦, 2) 지식이나 재능 따위를 발달하게 함, 3) 산업이나 경제 따위를 발전하게 함"을 의미한다고 정의되고 있다.[3]

이러한 정의에 의하면 '우주'에는 '지구'도 포함된다고 볼 수 있으며, 지구의 토지나 천연자원의 개발, 지식의 확장 및 산업 발전 등이 모두 '우주개발'이라는 개념에 포함될 수도 있을 것이다.

이러한 개념에서 지금까지의 '우주개발'은 지구에서, 지구를 위해서 필요한 다양한 혜택을 얻기 위해 지구 주변의 우주를 활용한 것으로 볼 수 있다.

지구의 기후 변화를 알기 위해 '기상 위성'을 발사하고, 지구의 다양한 환경을 모니터링하고 영상을 촬영하기 위해 '지구 관측 위성'을 발사했다. 또한, 지구 밖의 우주를 이해하고 이를 바탕으로 지구의 탄생 등을 연구하기 위한 다양한 탐사 위성 등을 발사하였다. 그리고 이러한 위성들을 지구 밖으로 보내기 위해 발사체의 개발도 진행되었다.

---

2) 출처 : NAVER 지식 백과
3) 출처 : NAVER 어학 사전

이처럼 지금까지의 우주개발은 '지구와 지구 주변'을 중심으로 이루어졌다. 하지만 최근 들어 이러한 '우주개발 영역'이 확장되고 있다. 달에 기지를 건설하고 화성에 식민지를 구축하기 위한 계획들의 발표를 통해서다. 또한 기존보다 더 다양한 방법으로 지구 주변의 우주를 활용하고 이를 위한 새로운 위성 및 발사체들이 개발되고 있다.

이제는 '지구 주변을 중심으로 한 우주개발'에서 '태양계 중심으로의 우주개발'로 변화하기 시작하는 시기인 것이다.

본 글에서는 이러한 우주개발의 변화 상황에서 "지금까지 우주를 왜? 개발"하였으며, "앞으로 우주개발을 왜? 하는지"에 대해서 다양한 사회 변화 가능성을 통해 살펴보고자 한다.

Part 1

지금까지 우주개발을 지탱해 온 '필요성'

우주개발 하면, 떠오르는 필요성

우주 정책에 관련된 일을 시작했을 때, 처음 받아 든 숙제 중의 하나는 '발사체 개발의 필요성'을 정리하는 일이었다. 당시에는 우리나라 최초의 발사체인 '나로호'가 발사에 실패했던 시기로 발사체를 지속해서 개발하기 위한 정책 결정자 및 일반 국민을 설득해야만 했던 순간이었다. 그러한 이유로, 발사체 개발의 필요성에 대한 설득력 있는 논거가 필요했었다.

이때 처음으로 "우리는 우주개발을 왜? 하는 걸까?"라는 질문에 대해 고민했던 것 같다.

하지만, 그 당시 나는 수치적 결과를 탐구하던 공학자에서 처음으로 우주 정책 분야와 관련된 업무를 시작했던 때이고, 이전에는 이러한 질문을 접하거나 관련 궁금증을 가져 보지 못했던 시기라, 깊이 있는 결과물을 만들어 내지는 못했던 것 같다. 다만, 기존의 다양한 필요성을

왜? 우주개발을 해야 하는가!

찾아서 정리했다.

우리나라 최초 우주발사체 '나로호'

나로호(KSLV-I)는 국가우주개발계획에 따라 추진된 우주발사체 개발 사업으로
국제협력을 통해 우주발사체를 독자 개발하기 위한 기술과 경험을 확보하는 것
이 목표였다. 세부적으로는 위성 발사체 시스템 설계 및 제작 시험, 위성의 궤도
투입 기술 및 발사 운용기술 확보, 위성 발사체 관련 설비·장비 개발 및 구축이 주
요 목표였다.

나로호는 2009년 1차 발사 실패, 2010년 2차 발사 실패 후 2013년 1월 30일 3
차 발사에서 성공했다.

출처: 한국항공우주연구원

이때 정리했던 '우주개발의 필요성'은 최근까지도 일반적으로 사용

되는 내용이며, 앞으로도 이러한 이유는 지속해서 우주개발의 필요성으로 활용될 것으로 보인다.

그 당시에 작성했던 '우주개발의 필요성'에 대한 대답은 아래와 같이 세 가지로 요약할 수 있다.

첫 번째는 '우주기술은 국가생존에 필요한 전략기술'이라는 점이다. 그 이유로는 정찰위성, 통신위성, 발사체 등은 국가 안보적 수단으로서 없어서는 안 되는 요소이며, 이러한 국가안보에 우주기술의 활용은 점점 확대되고 있기 때문이다. 또한 이러한 기술들은 해외로부터 이전받거나 도입할 수 없기에 독자적으로 확보해 나가야 하기 때문이다. 예로 해외 발사 서비스의 경우 발사 시기에 대한 제약, 위성의 성능 및 목적 등에 대한 보안의 어려움 등으로 자주적 우주활동을 위해서는 위성자력 발사 능력의 확보가 필요하다고 설명하였다.

두 번째는 우주 분야는 '경제적으로 국민 편익을 증진시키고, 고부가가치 미래성장동력'이기 때문에 연구개발 등 관련 역량 확보를 추진해야 한다는 것이다. 특히, 인공위성은 국토 감시, 환경 모니터링, 기상 및 재난 예보, 통신 인프라 등에 활용하여 국민 편익을 증진하고 생활의 질을 향상하는 데 기여하기 때문이다. 또한, 우주기술은 무중력, 극저온 환경에서 적용되는 극한기술로서 의료, 자동차, 통신, 의류 산업 등 타 산업으로의 파급 효과가 크기 때문이다. 예로 의료기기인 CT,

MRI 등은 우주기술로부터 파생되었으며, 골프채, 골프공 등도 우주기술의 영향으로 발전해 왔기 때문이다. 그리고 우주기술은 시장가치가 큰 다양한 미래 신산업을 창출해 낼 것으로 기대되고 있기 때문이다. 선진국은 기업 중심으로 우주관광상품, 우주에너지발전소, 신약제작, 달자원활용 등 신산업 개발육성에 돌입했다.[4] 이러한 우주산업은 60년대 섬유·신발, 70년대 가전, 80년대 중공업, 90년대 자동차, 2000년대 IT 이후 차세대 미래 산업으로 자리매김할 것으로 예측되기 때문이다.

마지막으로 '국가이미지 제고 및 국민 자긍심 향상'에 있어서 타 분야와 비교하여 월등한 파급 효과가 존재한다는 것이다. 우주기술은 첨단 과학기술로 우주개발은 국가의 기술력과 국력에 막강한 이미지를 심어 주는 중요한 상징이기 때문이다. 성공적 우주개발은 국민의 자긍심을 고양하고 과학기술에 대한 국민 공감대를 크게 진작시키기 때문이다. 예로 2003년 세계 세 번째로 자국의 발사체 및 우주선을 통해 우주인을 배출시킨 중국은 첨단 기술을 확보한 국가로의 이미지를 만들어 나갔다.

---

[4] 이러한 필요성을 작성하였을 때가 2010년경으로 현재(2024)에 실체적으로 다가온 사업의 하나는 우주관광 분야로 최근 버진 갤럭틱, 블루 오리진, 스페이스 엑스 등에서 민간 우주관광을 시작하려고 하고 있다. 10여 년이 걸러서 구체적인 상업화가 이루어지기 시작하고 있는 것이다.

〈2008년 4월 우주인 배출사업의 대국민 인식변화 기여도 평가〉

○ **국민 인식 확대에 기여**
- 우주인 배출사업에 대한 인지도 평가: 전체 응답자의 98.9%가 인지하고 있었으며, 특히 청소년 응답자의 99.6%가 본 사업을 인지하고 있었음
- 우주 및 과학기술에 대한 관심도 변화: 우주 82.2%, 과학기술 75% 증가

○ **국민 지지 획득에 기여**
- 우주개발 정부 투자 비중의 적정성: 투자 증가 의견이 전체 67% 차지, 거대과학 투자에 대한 국민 인식의 폭이 확대된 것으로 분석 가능

○ **이공계 기피현상 해소에 기여**
- 청소년의 이공계 선호 및 직업(전공) 선호도 변화: 전체 응답자의 82.9%, 청소년 응답자의 79%가 선호도 증대에 기여한 것으로 평가, 실제 이공계 전공선택에 대한 의향이 59.5% 증가, 응답자 10명 중 6명은 의향이 높아짐
출처 : 한국항공우주연구원

하지만, 그 당시 우주개발의 필요성에 대한 작성은 생각보다 쉽지 않았다. 막상 '우주개발을 왜? 하는 것이지?'에 대한 답을 내리기에는 일반인들이 이해하거나 체감할 수 있는 결과물들이 명확하지 않았으며, 주요 선진국의 논거가 우리의 상황과 맞지 않는 부분도 있었기 때문이다.

1.1 위성 활용으로 살펴본 우주개발의 필요성

일반적으로 우주개발의 필요성을 이야기할 때, 쉽게 이해되는 부분이 '위성의 활용' 측면이다. 위성은 우리의 일상에 다양한 영향을 줄 수 있으며, 위성을 통해서만 얻을 수 있는 혜택들이 있기 때문이다. 이러한 혜택이 위성을 개발하고 운용해야 하는 이유가 된다.

방송 통신위성의 활용

먼저 통신위성의 경우 전 세계에 통신 서비스를 제공한다. 특히, 지리적으로 고립된 지역이나 개발도상국같이 지상망으로 연결이 어려운 곳에 서비스를 제공할 수 있는 유일한 수단이다. 또한 TV와 라디오 방송을 전 세계로 송출할 수 있다. 위성을 통한 방송은 지상파 방송보다 넓은 범위에 전송되어 해당 지역의 많은 사람들이 동일한 방송을 청취할 수 있게 한다.

또한, 방송 통신위성을 통해 한 나라에서 제작된 텔레비전 프로그램을 다른 나라로 송출할 수 있다. 미국의 뉴스 채널 CNN은 방송 통신위성을 이용해 전 세계로 뉴스를 송출한다. 또한 위성을 통해 직접 가정으로 텔레비전 신호를 전송하는 서비스도 가능하다. 디렉TV(DirectTV)와 디시 네트워크(Dish Network) 같은 서비스 제공업체가 이를 활용하여 다양한 상업 활동을 수행하고 있다. 또한, 위성을 이용해 고음질

의 라디오 방송을 넓은 지역에 제공할 수 있다. 시리우스XM(SiriusXM)
은 북미 전역에서 위성 라디오 방송을 제공한다.

천리안위성 1호

천리안위성 1호는 국내 최초로 개발한 정지궤도위성으로, 한반도 주변의 기상과
해양을 관측하고, 위성통신 시험서비스를 제공하는 임무를 수행하고 있다.

출처 : 한국항공우주연구원

    통신위성을 통한 인터넷 서비스도 가능하다. 지리적으로 고립된 지
역이나 인프라가 부족한 지역에 인터넷 서비스를 제공하기 위해 사용
된다. 이미 스페이스 엑스(Space X)는 스타링크(Starlink)를 통해 전 세
계에 고속 인터넷 서비스를 제공하기 위한 사업을 추진 중이다. 또한,
항공기와 선박에 인터넷 접속을 제공하기 위해 위성 통신을 이용한다.

비아샛(ViaSat)과 이리디움(Iridium) 같은 회사가 항공기와 선박용 인터넷 서비스를 제공하고 있다.

지상 통신망이 없는 외진 지역에서도 전화 서비스를 제공할 수 있다. 예를 들어, 이리디움(Iridium)과 인마샛(Inmarsat)은 글로벌 위성 전화 서비스를 제공하고 있다. 재난 발생 시 지상 기반 통신망이 손상된 경우에도 위성 통신을 통해 긴급 통신을 유지할 수 있으며, 자연재해가 발생한 지역에서 구조 및 구호 활동을 지원하는 데 사용될 수 있다.

군사 및 정부 통신 분야에서도 통신위성은 활용된다. 안전하고 신뢰할 수 있는 통신 채널을 제공하여 효율적인 군사 작전 수행을 가능하게 한다. 미국 국방부는 군 전용 통신위성을 통해 글로벌 군사 통신을 지원한다. 정부 기관 간의 안전한 통신을 위해서도 통신위성이 사용된다. 국가 간의 외교 통신이나 재난 대응 커뮤니케이션에 사용되는 사례가 그것이다.

교육 및 의료 분야에서도 통신위성은 활용된다. 지리적으로 고립된 지역에 교육 콘텐츠를 제공하기 위해 사용되며, 의료 접근이 어려운 지역에서 의료 상담 및 진료를 제공하기 위해 이용되기도 한다.

지구 관측 위성의 활용

지구 관측 위성을 통해 확보한 위성 영상은 다양한 분야에서 광범위하게 사용된다.

농업 분야에서는 위성 영상을 통해 작물의 생장 상태를 모니터링하고, 병해충 발생 여부를 감지한다. 예를 들어, '정규화 식생 지수' 영상을 사용하여 작물의 건강 상태를 평가할 수 있다. 또한 위성 데이터를 이용해 작물의 생장 패턴을 분석하여 수확량을 예측할 수 있다. 이는 농민들이 더 나은 농업 계획을 세우는 데 도움이 된다.

환경 보호 분야에서는 위성 영상을 통해 산림의 면적, 건강 상태, 불법 벌목 활동 등을 감시할 수 있다. 아마존 열대 우림에서의 불법 벌목 활동을 모니터링하여 보호 조치를 취할 수 있다. 또한, 대기 오염, 수질 오염 등을 모니터링하여 환경 보호 정책을 수립하는 데 활용될 수 있다.

도시 계획 및 관리 부분에서도 위성 영상이 활용된다. 위성 영상을 통해 도시의 확장 및 개발 상황을 실시간으로 모니터링할 수 있기 때문이다. 신규 건설 지역의 변화를 추적하여 도시 계획에 반영할 수 있다. 교통 관리에서도 위성 영상을 통해 교통 흐름을 모니터링하고, 교통 체증을 완화하기 위한 대책을 수립하는 데 사용한다.

왜? 우주개발을 해야 하는가!

아리랑위성(다목적실용위성)

다목적실용위성(아리랑위성)은 독자적인 위성 개발 기술 확보와 공공 수요의 위성영상 확보를 목표로 추진되었다. 다목적실용위성은 저궤도 지구 관측 위성으로 전자광학 카메라, 영상레이더, 적외선 카메라 등의 탑재체를 통해 다양한 위성데이터를 확보하고 있으며, 국토·해양모니터링, 기상, 지질, 농업, 수자원, 재해재난 대응 등에 활용하고 있다.

<아리랑위성(다목적실용위성) 3호>

출처: 한국항공우주연구원

재난 관리 부분에서는 지진, 홍수, 산불 등 자연 재해 발생 시 실시간으로 위성 영상을 제공받아 신속한 대응이 가능하다. 예를 들어, 산불 발생 지역을 위성으로 감시하여 소방 활동을 지원할 수 있으며, 재해 발생 후 위성 영상을 사용하여 피해 지역의 상황을 평가하고 복구 계획을 수립할 수 있다. 또한, 홍수 피해 지역의 전후 위성 영상을 비교하여 침수 범위를 파악함으로써 복구 작업을 효율적으로 진행할 수 있다.

아리랑 3A호가 촬영한 강릉 산불 지역

출처 : 한국항공우주연구원

해양 및 수자원 관리 부분에서는 해양 위성을 통해 해양 오염, 적조 현상 등을 감시한다. 이를 통해 적조 발생 시 해양 생태계에 미치는 영향을 분석하고 대응 방안을 마련할 수 있다. 수자원 관리 측면에서는 강, 호수, 저수지 등의 수위와 수질을 모니터링하여 수자원 관리를 개선할 수 있다. 또한, 저수지의 수위 변화를 감지하여 홍수 위험을 예측할 수 있다.

기후 변화 대응에도 위성을 활용할 수 있다. 위성 영상을 통해 지구의 기후 변화를 장기적으로 모니터링하고 분석할 수 있으며, 극지방의 빙하 면적 변화를 추적하여 기후 변화의 영향을 연구할 수 있다. 또한 위성을 사용하여 대기 중의 온실가스 농도 변화를 관측하고, 기후 모델링에 필요한 정보를 확보할 수 있다.

위성 영상은 국방 분야에서도 그 쓰임이 다양하다. 위성 영상을 통해 특정 지역의 군사 활동을 감시하고, 국방 전략을 수립하는 데 활용할 수 있다. 예를 들어, 적국의 군사 기지나 이동 경로를 관측하여 이에 대한 대응 방안을 마련할 수 있다. 또한, 위성 영상을 통해 미사일 발사, 군사 충돌 등을 조기에 탐지하고 대응할 수 있다.

위성 영상은 고고학 및 역사 연구에도 이용된다. 위성 영상을 통해 지상에서 발견하기 어려운 고고학적 유적 탐사가 가능하다. 위성을 통해 사막이나 밀림 지역의 영상을 촬영하고, 이를 분석하여 고대 도시 유적을 발견할 수 있다.

무역에서도 위성 영상은 다양하게 사용된다.

위성 영상을 통해 전 세계의 선박 위치를 실시간으로 감시할 수 있다.

이는 해상 운송 경로를 최적화하고, 물류 효율성을 높이는 데 도움이 된다. 또한 주요 항만의 혼잡도를 위성 영상을 통해 분석하여, 선박의 입항 및 출항 계획을 세울 수 있다. 예를 들어, 중국 상하이 항구의 혼잡도를 실시간으로 파악하여 무역 물품의 도착 시간을 예측할 수 있다.

재고 및 물류 관리에도 위성 영상이 사용된다. 위성 영상을 통해 야적장, 창고, 저장 시설 등의 재고 상황을 파악할 수 있는데, 이는 공급망 관리와 무역 물품의 흐름을 최적화하는 데 유용하다.

위성 영상을 통해 시장 분석 및 수요 예측도 가능하다. 주요 생산지와 소비지의 경제 활동을 위성 영상으로 관찰하여 시장 동향을 파악할 수 있다. 특정 지역의 공장 가동률을 위성 영상을 통해 분석하여, 해당 지역의 경제 상황과 수요 변화를 예측할 수 있다. 소비자 행동 분석도 가능하다. 대형 쇼핑몰이나 상업 지역의 주차장 혼잡도를 분석하여 소비자 행동을 파악하고, 이를 판매 전략에 반영할 수 있다.

농업 무역에서도 위성 영상 활용이 가능하다. 위성 영상을 통해 주요 농산물 생산지의 작물 상태를 분석하여, 수출입 물량을 예측하고, 무역 거래를 최적화할 수 있다. 예를 들어, 미국 중서부의 옥수수 밭 상태를 위성으로 모니터링하여 수출량을 예측할 수 있다. 또한 기후 변화가 농업 생산에 미치는 영향을 위성 영상을 통해 분석하여, 무역 전략을 수립할 수 있다. 예를 들어, 인도의 몬순 강수량을 분석하여 향후 쌀

수확량을 예측하고 무역에 반영할 수 있다.

항법 위성의 활용

항법 위성은 위치, 내비게이션, 시각 정보(Positioning/Navigation/Timing, PNT)를 제공하는 서비스를 가능하게 한다. 가장 잘 알려진 항법 위성 시스템은 미국의 GPS(Global Positioning System)[5]이다. 이러한 PNT 서비스는 다양한 분야에서 핵심적인 역할을 하고 있다.

일반 소비자 애플리케이션 부분에서는 스마트폰 내비게이션 및 피트니스 추적시스템을 예로 들 수 있다. 스마트폰 내비게이션은 항법 위성을 사용해 실시간 위치를 추적하고 경로를 안내한다. 구글 지도나 애플 지도는 항법 위성을 통한 위치 정보를 이용해 사용자에게 최적의 경로를 안내한다.

차량 내비게이션 시스템은 항법 위성을 이용해 실시간으로 차량의 위치를 추적하고 목적지까지의 경로를 안내한다. 물류 회사는 항법 위성 정보를 통해 화물의 위치를 실시간으로 추적하여 배송 상황을 관리한다. 페덱스(FedEx)는 화물 추적 시스템에 GPS를 활용하고 있다. 항공기 내비게이션 시스템은 항법 위성을 통해 항로를 안내하고, 비행 중 정확

---

[5] 인공위성을 이용해 지구상의 위치를 정밀하게 측정하고 알려주는 위성 기반 위치 확인 시스템이다. GPS는 원래 미국 국방부에서 군사 목적으로 개발했으나, 현재는 민간에서도 널리 사용되고 있다.

한 위치를 제공하여 안전한 비행을 돕는다. 선박 내비게이션 시스템은 항법 위성 정보를 사용해 항로를 계획하고 실시간 위치를 추적한다.

한국형 위성항법시스템(KPS)

우리나라는 2035년을 목표로 한국형 위성항법시스템(KPS, Korean Positioning System)을 구축 중이다. 미국, 러시아, 유럽, 중국과 같이 전 세계를 대상으로 하는 것이 아니라 일본, 인도와 같이 한반도와 주변 영역에 센티미터급 위치정보 등을 제공할 수 있는 고정밀, 고신뢰성의 위성항법시스템을 구축할 계획이다. 평시에는 미국의 상용 GPS와 호환되어 현재보다 고품질 서비스를 제공하고, GPS 사용이 제한될 수 있는 유사시에는 우리의 위성항법시스템만으로도 PNT 정보를 제공할 수 있도록 하여 안정적인 PNT 정보 체계를 확보할 계획이다.

출처 : 한국항공우주연구원

국방 분야에서 항법 위성은 부대 이동 및 무기 운용 등 다양한 군사

왜? 우주개발을 해야 하는가!

활동에 중요한 역할을 한다. 예를 들어 GPS를 이용한 유도 미사일은 정밀 타격을 가능하게 한다. 또한, GPS를 통해 전투원의 위치를 실시간으로 파악하여 작전 계획을 수립하고, 안전을 보장하는 분야에도 활용된다.

과학 연구 및 환경 모니터링에서도 위성 PNT 정보가 사용된다. 항법 위성을 이용해 지각 판의 움직임을 정밀하게 측정하고, 지진 발생을 예측할 수 있다. 예를 들어, 캘리포니아의 지진 연구소는 GPS 데이터를 활용해 지각 변동을 모니터링하고 있다.

긴급 구조 및 재난 대응에서도 PNT 정보는 중요한 역할을 한다. 구조 팀은 항법 위성의 정보를 이용해 재난 지역에서 실종자나 조난자의 위치를 신속하게 파악할 수 있다. 산악 구조팀은 조난자가 가지고 있는 스마트폰 등의 위치 정보를 사용해 조난자의 정확한 위치를 찾아낸다.

위성 PNT 서비스의 정확한 시각 동기화 기능은 현대 금융 시스템에서 거래의 정확성, 신뢰성, 규제 준수 등을 보장하는 데 핵심적인 역할을 한다. 이러한 시각 동기화는 초고속 거래, 실시간 결제 시스템 등 다양한 금융 분야에서 필수적이다.

위성 기반 시각 동기화는 나노초 단위의 정확성을 제공한다. 위성 신호는 지리적 제약 없이 전 세계 어디에서나 사용할 수 있어 금융 시스템의 연속성과 신뢰성을 보장한다. 여러 금융 기관이 공통의 시각 기준을 사용할 수 있어 시스템 간 호환성과 효율성을 높일 수 있다.

고빈도 거래(High-Frequency Trading, HFT)는 매우 짧은 시간 안에 수많은 거래를 수행하는 방식으로, 밀리초 단위의 정확한 시각 동기화가 필요하다. 위성 기반 시각 정보는 초고속 거래 시스템에서 사용되는 서버와 네트워크 장비를 정밀하게 동기화하여 거래의 정확성을 보장한다. HFT에서 몇 밀리초의 시간 차이는 막대한 이익 또는 손실을 초래할 수 있다. 위성을 통한 고정밀 시각 정보는 이러한 초고속 거래에서 각 거래의 타이밍을 정확하게 기록하고 관리하는 데 사용된다.

주식, 채권, 외환 등 금융 시장에서 정확한 시각 동기화는 거래소의 운영에 필수적이다. 항법 위성의 시각 정보는 시장 개장과 폐장 시간, 거래 주문 처리 시간 등을 정확하게 동기화하여 시장의 공정성과 투명성을 유지한다. 금융 시스템은 재해 상황에서도 신속하게 복구될 수 있도록 정확한 시각 정보가 필요한데, 항법 위성을 통한 시각 동기화는 이를 가능하게 한다.

〈위성의 주요 활용 분야〉

국가적 수요	활용 분야	주요 내용
공공 안전	홍수, 산불 등 자연재해	위성 영상을 활용한 홍수, 산불의 감시
	해양오염 등 인적 재해	해양오염 감시 및 재난 시 인적구조를 위한 통신
	국가 안보 및 국방	정밀 위성 관측을 통한 비접근 지역 등 정보 취득
기후 변화, 녹색 성장	대기오염 등 환경감시	대기오염 등의 환경 모니터링
	탄소배출 등 기후 변화 대응	특정 대기구성원소의 감시를 통한 기후 변화 대응
	태풍, 황사 등	태풍, 황사 등 대기의 급변 환경 관측
	자원 탐사, 신재생 에너지	자원 탐사 및 우주 태양광 발전
국토 보존 및 관리	영상지도 등 지도 제작	영상 정보를 활용한 지도 정밀 제작
	측지·측량 기준	위성 위치 정보 및 영상 정보를 활용한 측량 기준 제공
	농임업 정보 관리	작황 분석, 농업 재해 모니터링, 산림피복 분류
	연안/수자원/해양 관리	어업 관리, 갯벌 생태계 조사, 해양 적조 감시
삶의 질 향상	방송, 통신	위성 TV, 라디오 방송 서비스, 위성 통신
	위치 공간 정보 (위성항법)	비행기, 선박, 차량의 위치 정보 제공
	위치 기반 서비스	미아, 노인 찾기

1.2 발사체의 필요성

앞에서 위성의 필요성을 위성의 쓰임을 통해 살펴보았다. 그럼 발사체의 필요성은 어떻게 설명할 수 있을까?

발사체 개발의 필요성도 앞에서 설명한 우주개발의 필요성 부분과 일맥상통하는 부분이 많다. 먼저 발사체 보유는 잠재적인 국방력을 실질적으로 입증하는 수단이기 때문이다. 발사체 기술은 대륙간 탄도미사일 기술과 밀접하게 연관되어 있기에, 국가 간 이전이 엄격히 통제되는 국가 전략기술로 안보적·전략적 측면에서 독자적인 기술 확보가 필요하다.

또한, 발사체의 확보는 국가 우주개발의 안정적·독자적 수행에 필수적인 요소이기 때문이다. 국내 발사체가 없는 경우 모든 과학적·상업적 위성은 물론 군사 위성도 국외 발사체를 이용하여 발사해야 해서 특수 위성 및 국방 위성에 대한 정보가 발사체 보유국에 유출될 수 있는 우려가 존재한다. 예로 유럽의 경우 유럽우주국(ESA) 설립 이후, 미국 발사체를 이용하는 위성 발사 의존에서 벗어나고자, 아리안 발사체 개발에 집중하였던 일화가 있다.

위성을 우주로 보낼 수 있는 발사체를 가진 국가는 세계에 몇 국가뿐이다. 특히 수 톤 이상의 물체를 우주로 발사할 수 있는 발사체를 보유

왜? 우주개발을 해야 하는가!

한 국가는 미국, 중국, 러시아, 유럽, 인도, 일본 정도이며, 우리나라도 누리호 개발을 통해 1.5톤급의 실용위성을 발사할 수 있는 국가가 되었다. 이처럼 발사체 보유 국가는 발사 수요에 비해 많지 않은 상황이다. 하지만 앞으로 우주로 나아가고자 하는 국가 및 기관들은 점점 증가할 것이며, 이는 발사체 수요의 증가로 이어질 것이다. 하지만 새롭게 발사체를 개발하기 위해서는 막대한 자본과 시간 및 기술력이 필요하여 웬만한 국가에서는 추진이 쉽지 않다. 더욱이 발사체는 전략기술로 기술 이전 등이 불가능한 상황으로 새롭게 발사체 개발을 수행하는 일은 더욱 어려운 상황이다.

이처럼 발사체는 개발하기 어려우며, 가지고 있는 국가도 한정적이다. 이는 발사체가 없다면, 위성 등을 통해 우주에서 얻을 수 있는 혜택에 접근하기 어렵다는 의미가 된다. 다시 말해, 발사체가 없다면 내가 원하는 시기에 원하는 목적을 우주에서 이루기 위한 위성 및 탐사선 등의 발사가 어렵게 되거나 불가능해지는 상황이 발생할 수 있다. 그래서 우리가 우주를 통해 다양한 혜택을 얻기 위해서는 내가 원할 때, 언제든지 우주로 나가야 하고, 이를 위해서는 반드시 발사체가 필요하다고 할 수 있다.

◇ 이고르 아파나시예브, "세계 우주클럽"

"우주발사용 추진로켓과 군사용 대륙간탄도미사일은 기술적으로 쌍둥이까지는 아니더라도 **아주 가까운 친척이라 할 수 있다.** 따라서 **어느 국가든 우주로의 진출은 그 나라의 잠재적 군사력과 국방력을 실질적으로 입증**한다. 군사용 로켓을 우주추진체로 변경시키지 않은 국가도 마찬가지다. **정치적 측면에서도 이것은 히든 카드에 해당한다.**"

"기술의 완성도나 수준과는 상관없이 **우주로켓 기술은 핵폭탄과 함께 대량 파괴 무기 체계가 되며, 이에 대해 잠재적 적국을 예외 없이 대응해야 한다.** 이것은 우주로켓기술이 IT 분야나 자동차산업, 바이오산업과 근본적으로 다른 점이다."

◇ 오바마 미국대통령(National Space Policy of the United States of America, 2010. 6. 28.)

"미국은 우주개발의 지속가능성, 안정성, **우주로의 자유로운 접근과 사용이 국가 이익을 위해 매우 필수적**이라고 생각한다…모든 국가는…우주를 평화적 목적을 위해 탐험하고 사용할 권리를 가진다…**평화로운 목적은 우주를 자국 안보활동을 위해 사용되는 것을 포함한다…자유로운 우주로의 접근은 발사능력에 달려 있다.**

"**미국 정부의 탑재체**는 대통령과학기술 국가안보 자문위원장과 보좌관에 의해서 면제를 받자 않는 한 **미국에서 제작된 발사체에 의해 발사되어야 한다.**"

1.3 증가하고 있는 우주개발의 중요성 인식

최근에 우리나라 국민은 우주개발이 중요하다는 생각을 많이 하는 것 같다. 이는 2021년 국가우주정책연구센터에서 수행한 설문 조사를 통해 확인해 볼 수 있다.

왜? 우주개발을 해야 하는가!

2021년 국민 인식 조사[6]에 의하면, 미래 국가 발전에 우주의 중요도를 살펴본 결과, 응답자 10명 중 9명(89.6%)이 미래 국가발전에 우주가 '중요하다'라고 응답하였다. 중요한 이유는 '산업 발전 및 국가경제에 기여(45.2%)', '인류의 지식 확장에 기여(18.9%)', '국가 안보(14.3%)', '국가 위상 제고(12.7%)', '국민 생활의 질 향상(8.6%)' 순으로 나타났다. 시급한 우주 정책 분야를 살펴본 결과 '지구 관측, 통신, 항법, 기상, 환경 관련 위성 개발(33.6%)'에 대한 응답 비율이 가장 높게 나타났다. 다음으로 '유인 달 탐사, 달 궤도 우주 정거장 구축, 달 기지 건설 등 달 영역 확보(24.3%)', '산업체 지원과 참여 확대(17.2%)', '저비용 및 재사용할 수 있는 우주발사체 개발(15.7%)', '우주과학과 천문학 연구(8.8%)' 순으로 응답 비율이 높게 나타났다. 향후 중요성이 커질 것으로 예상되는 우주 분야 1순위를 살펴본 결과, '우주자원 채굴(23.5%)'의 응답 비율이 가장 높게 나타났으며, 다음으로 '지구 관측 위성(18.3%)', '우주 과학 천문연구(15.0%)', '우주 인터넷 위성(13.4%)', '우주 관광(11.2%)' 순으로 나타났다. 이 설문을 통해 대부분의 국민들은 국가 발전에 있어서 우주 분야의 중요성이 높음을 인식하고 있음을 알 수 있었으며, 이는 산업 발전 및 국가경제에 기여도가 높기 때문으로 나타났다. 또한, 단기적으로 시급한 분야는 사회 인프라의 핵심 요소인 위성 및 활용 부분으로 인식하고 있었으며, 두 번째로 우주탐사 중 달 탐사(유인 포함)를 언급하고 있는 것으로 나타났다. 이는 장기적으로 우주탐사

---

6) '21.12.10.~16.(7일간), 만 16세 이상 69세 이하 국민 1,000명에 대한 설문조사(출처 : 국가우주정책연구센터)

(특히, 자원채굴 부분) 분야의 중요성이 확대 될 것이라고 인식하고 있기 때문으로 분석된다.

이처럼 우주개발에 대한 국민 인식은 매우 높아진 상황이며, 이를 기반으로 미래 우리나라의 우주개발 발전 방향성에 대한 논의가 이루어져야 할 것이다. 또한, 최근 '누리호' 및 '다누리(달 궤도선)'의 성공적인 발사를 계기로 더욱더 체계적이고 미래 지향적인 우주개발의 필요성에 대한 이해가 필요한 시점으로 생각된다.

주요국의 우주개발 필요성 변화

우리나라의 우주개발은 위성 개발을 시작으로 본격화되었다. 우리나라의 첫 번째 위성은 과학 위성인 '우리별 1호'로 1992년에 발사되었다. 이후 정찰 임무를 주요 목적으로 하며, 한반도 관측을 위한 실용위성인 아리랑위성 시리즈가 본격적으로 개발되었다. 위성 개발이 안정적으로 자리 잡으며, 발사체 개발이 추진되었고, 최근에는 우주탐사 영역으로 우주개발을 확장하고 있다. 이러한 우주개발 추진 영역의 확장에 발맞추어 '우주개발 필요성'에 대해, 분야별로 그 의미를 찾기도 하였다.

분야별 필요성을 간략히 설명해 보자면, 위성을 개발하는 이유는 위성을 통해 얻는 정보 등이 우리의 일상 및 안보에 필요한 요소이기 때문이었고, 발사체의 경우는 다양한 쓰임이 있는 위성을 우주로 보내기 위함이었다.

그리고, 최근에 또다시 "우리는 우주개발을 왜? 하는가?"에 대한 질문이 증가하고 있다. 이러한 질문이 다시금 언급되고 있는 것은 우리나라의 우주개발 영역이 커졌기 때문이라고 생각한다.

위성 개발을 중점적으로 추진하던 시기에는 "왜, 위성을 개발하는지", 발사체를 개발하는 시기에는 "왜, 발사체를 개발하는지"에 대한 질문이 나왔듯이, 지금은 우리나라가 우주탐사를 위한 우주개발을 본격적으로 추진하는 단계에 들어서면서, 해당 질문은 "우리는 왜? 우주탐사를 해야 하는가?"로 생각된다.

우주탐사의 의미는 몇 가지 측면에서 살펴볼 수 있을 것이다. 첫 번째는 사회적 측면으로 '우주 세대의 활동 영역을 확장해 주는 미래를 위한 투자'이다. 인간의 거주 영역이 우주로 넓혀지면 우주는 인간의 모든 활동이 펼쳐지는 새로운 '장'이 될 것이다. 21세기 인터넷과 정보통신 기술이 새로운 인류 문화의 활동 무대가 된 것처럼 인류의 우주에서의 자유로운 활동은 새로운 인류 문화의 형성을 가져올 것이다. 이러한 새로운 '장'에서 살아갈 미래의 '우주 세대(Space Generation)'들에게 꿈과 비전을 이룰 수 있도록 지원하는 일은 국가의 임무이며 이를 위해 우주탐사에 나서야 한다. 글로벌 우주탐사의 비전은 화성에 인류의 장기적인 거주지를 건설하는 것으로, 미국은 2030년대에 유인 화성 탐사를 계획하고 있으며, UAE도 2117년에 화성에 유인기지 건설을 목표로 제시하고 있다.

두 번째는 경제적 측면으로 '우주 ↔ 지구' 새로운 경제 시스템의 도래에 대비하기 위함이다. 우주와 지구 상호 간의 경제 활동(우주채굴(Space Mining), 우주관광(Space Tourism), 우주공장(Space Factory) 등)은 현재 지구상의 경제 규모를 뛰어넘는 새로운 경제 시스템을 가져올 것으로 예측된다. 미래의 우주 경제 시스템을 선점한 국가가 세계 경제 패권을 차지할 것이며, 이로 발생한 국가 간 경제적 차이는 극복하기 어려울 것이다. 우주탐사는 지구 궤도상의 제한적 우주 경제에서 심우주를 대상으로 하는 확장된 우주 경제 시대를 대비하기 위한 기반이다.

세 번째는 과학적 측면이다. '지식생산국'으로 발돋움하기 위한 필수 조건이기 때문이다. 세계 극지 탐사의 경우와 마찬가지로 과학 지식의 확장에 공헌한 국가가 추후 개발의 이권과 관련해 영향력이 클 것임은 자명하다. 태양계의 탄생 기원과 진화를 규명하는 데 기여하는 동시에 우주에서 생명체의 흔적을 찾고자 하는 인류의 과학적 도전에 동참하여 국가의 위상을 높일 수 있다.

네 번째는 외교적 측면으로 국격에 맞는 글로벌 리더십 확보가 필요하기 때문이다. 지금까지 가장 큰 우주 협력 프로젝트인 국제우주정거장(ISS) 프로그램은 우주에서의 협력의 가치를 분명히 증명했다. 이에 참여한 미국, 유럽, 일본, 캐나다 등이 달에서의 유인 우주정거장인 'Gateway' 프로그램을 주도하고 있는 상황이다. 세계 경제 강국으로 도

약한 우리나라도 대형 국제 우주탐사 프로그램에 참여하여 우리의 역량을 세계에 알리고 국격 향상을 도모해야 한다. 미래 우주 시대에는 유인 화성탐사 등 대형 국제협력 우주탐사 프로그램에 참여한 국가들이 세계를 주도할 것이므로 이에 대한 대비가 필요하기 때문이다.

마지막은 기술 파급 측면을 이야기 할 수 있을 것이다. 극한 우주 환경을 고려한 달 탐사 로버, 원자력전지, 심우주 인터넷 등 융복합 우주기술은 관련 산업 분야에 기술 파급을 가져올 것이다. 우주탐사를 통해 확보하게 되는 구조 경량화, 대용량 추력 시스템, 심우주 통신 등 핵심 기술은 우주산업뿐만 아니라 기계, 전자, 통신 등 산업 분야 기술력 향상에 기여할 것이다.

이처럼 우리나라는 우주개발 영역 변화에 따라 해당 분야의 투자를 위한 '우주개발의 필요성'을 피력해 왔으며, 조금씩 그 대상 및 목적에 변화가 있었다.

우주개발의 이유는 시대별, 우주개발의 중심을 어디에 두느냐에 따라 일부 변화되는 것처럼 보인다. 이러한 우주개발의 이유에 대해 주요국들은 어떠한 변화를 겪었는지 살펴보고자 한다.

2.1 러시아

러시아의 우주개발 역사는 구소련 시절부터 시작되어 현재까지 이어져 오고 있다. 러시아의 우주개발은 여러 단계로 나눌 수 있으며, 각 단계마다 우주개발의 주요 목적에 차이가 있다.

러시아의 초기 우주개발 시대는 1950년대~1960년대로, 제2차 세계대전 이후 미국과 구소련 간의 냉전이 심화되면서 우주개발 경쟁이 시작된 시기이다. 이때 구소련은 1957년 세계 최초의 인공위성 스푸트니크 1호를 발사했고, 1961년 세계 최초의 우주인 '유리 가가린'을 탄생시켰다. 이때 우주개발의 이유는 미국과의 기술 경쟁에서 우위를 점하기 위한 과학기술력 과시, 군사적 목적의 우주 활용 등이었다.

러시아 우주개발의 중기는 1970년대~1980년대로 이야기할 수 있다. 이때는 미국과의 우주 경쟁이 계속되는 가운데, 더 복잡하고 장기적인 우주 임무를 계획하게 된다. 1971년 세계 최초의 우주정거장 살류트 1호 발사, 1986년 우주정거장 미르의 첫 모듈 발사 등이 그러한 노력의 결과물들이다. 이 당시의 주요한 우주개발 목적은 장기적인 우주 체류 기술 확보, 우주 과학 연구, 미국의 스카이랩과의 경쟁에서의 우위 확보였다.

1990년대부터 지금까지는 현대의 우주개발 시대이다. 구소련 해체

이후 러시아로 계승된 우주개발 프로그램은 경제적 어려움과 새로운 국제 협력 환경 속에서 재편됐다. 그리고, 푸틴 대통령이 집권하면서 '강한 러시아'를 표방하며, 우주개발에 대한 투자를 확대하고 있다. 푸틴 대통령의 우주개발 정책은 러시아의 국가 안보, 경제적 이익, 과학 기술 발전을 강화하는 데 중점을 두고 있다. 그의 정책은 소련 시절의 우주개발 유산을 바탕으로 현대화된 우주 시스템의 구축이다.

러시아의 우주개발은 군사적 목적으로 중요한 역할을 한다. 정찰 위성, 통신위성, 항법 위성 등을 통해 군사적 정보 수집과 전략적 우위를 확보하려는 목적이 있다. 특히, 글로벌 위성항법시스템 'GLONASS'를 통해 러시아의 독립적인 글로벌 위치 추적 시스템을 운영하며, 이는 군사 및 민수 목적으로 활용된다. 러시아는 소유즈, 프로톤, 앙가라 등의 발사체를 통해 상업적 위성 발사 서비스를 제공한다. 이는 글로벌 우주 발사 서비스 시장에서 중요한 수익 창출 수단이다. 러시아는 달 탐사 프로젝트와 미래의 화성 탐사 계획을 통해 우주 과학 연구를 지속해서 추진하고 있다. 이를 통해 새로운 과학적 발견과 기술적 혁신을 이루려는 목표가 있다. 러시아의 우주개발의 주요 목적 중의 하나는 우주 강국으로서의 위상 유지이다. 소련 시절부터 이어져 온 우주 강국의 이미지를 유지하고, 이를 통해 국제 사회에서의 영향력을 지속해서 발휘하고자 한다.

2.2 미국

　미국의 우주개발 역사는 1950년대부터 시작되어 현재까지 이어져 오고 있다. 초기 우주개발 시대인 1950년대~1960년대에는 제2차 세계대전 후 냉전이 본격화되면서, 구소련과의 기술 경쟁에서 우위를 점하기 위해 우주개발에 본격적으로 나섰다. 이 시기에 미국 항공우주국(NASA)이 설립(1958년)되었고, 1961년 앨런 셰퍼드가 첫 미국인 우주비행에 성공하였다. 1969년 아폴로 11호를 통해 인류 최초로 달 착륙(닐 암스트롱과 버즈 올드린)에 성공하여 구소련과의 우주개발 경쟁에서 우위를 점하기 시작하였다. 이 당시 미국의 우주개발 추진 목적은 냉전 시대의 정치적, 군사적 우위를 확보하기 위함이었으며, 우주탐사를 통한 국제적 영향력 확대도 고려되었다.

미국의 '아폴로 프로젝트' 추진 일화

1962년 11월 21일 존 F. 케네디 대통령, NASA 관리자 제임스 웹, 기타 정부 관료들이 만나 아폴로 프로젝트에 대한 추가 지출을 의회에 요청하는 문제를 논의했다. 이 회의는 케네디와 웹이 아폴로의 최우선 과제에 대해 오랫동안 의견 차이를 보인 것으로 가장 유명하다. 케네디는 "나는 우주에 별로 관심이 없다"고 말하며 미국의 기술이 소련보다 우월하다는 것을 세계에 보여주는 것이 자신의 최우선 과제라고 거듭 강조했다.

1970년대~1980년대 미국의 우주개발은 달 착륙 성공 이후, 장기적인 우주 연구와 활용을 목표로 새로운 계획들을 추진했다. 1973년 스카이랩 우주정거장을 발사했고, 1981년 최초의 재사용 우주왕복선 컬럼비아호를 발사했다. 1989년에는 허블 우주망원경을 발사하여 천문 우주 연구에 새 지평을 열었다. 이 당시 미국의 우주개발 추진 목적은 지속 가능한 우주 활동과 장기 체류 가능성 연구, 과학적 발견과 기술 혁신을 통한 우주 활용 확대에 있었다.

냉전 종식 이후, 1990년대부터 지금까지 미국은 국제 협력과 상업적 우주 활동에 중점을 두기 시작했다. 1998년 국제우주정거장(ISS) 건설을 시작하여 2011년에 완공하였으며, 우주인들이 장기적으로 거주하며 다양한 연구를 수행하고 있다. 상업적 목표의 가장 큰 성과는 스페이스 엑스의 성공일 것이다. 미국 NASA는 2004년 스페이스 엑스와 국제 우주정거장에 화물수송과 우주비행사를 수송하는 계획을 승인하였으며, 2020년 스페이스 엑스는 유인 우주선 '크루 드래곤'의 발사 성공에 이른다.

미국 우주개발은 국가 안보와 군사적 목적으로 시작됐다. 냉전 시대의 군사적 우위를 점하기 위해 우주 개발이 시작되었고, 정찰 위성, 통신위성 등 군사적 목적의 우주 기술이 개발되었다. 이후, 미국의 우주개발 목적은 과학적 탐사와 연구로 확장된다. 이를 위해 우주의 기원, 행성과 별의 형성 등 과학적 질문에 답하기 위해 많은 탐사선과 우주

망원경이 발사되었다. 아폴로 프로그램, 보이저 탐사선, 허블 우주망원경 등이 대표적이다. 최근에는 앞에서 설명한 것과 같이 경제적 이익과 상업화에 초점을 맞추고 있다. 민간 우주기업의 참여를 독려하여 상업적 우주여행, 위성 발사, 우주 자원 개발 등 경제적 이익을 창출하는 방향으로 정책이 전환되고 있다. 미국은 우주 개발을 통해 혁신적인 기술을 개발하고, 이를 통해 관련 산업의 발전을 촉진하고 있다. 우주 기술은 통신, 항법, 기상 관측 등 다양한 산업에 응용되고 있다.

최근 미국은 아폴로 프로젝트 이후, 다시 달에 사람을 보내기 위한 '아르테미스(Artemis)' 프로그램을 추진하고 있다. 아르테미스 프로그램은 NASA가 주도하는 달 탐사 프로그램으로, 인류의 달 재탐사를 목표로 하고 있다. 이 프로그램은 2020년대에 여러 차례 유인 및 무인 달 탐사 임무를 수행하며, 장기적으로는 지속 가능한 달 기지를 구축하고 화성 탐사의 기반을 마련하는 것을 목표로 한다.

아르테미스 프로그램은 단순한 우주탐사 프로젝트를 넘어, 중국과의 기술적, 경제적, 정치적 경쟁에서 미국의 우위를 확보하고자 하는 전략적 목적을 가지고 있다. 이를 통해 미국은 우주탐사 분야에서의 글로벌 리더십을 유지하고, 국제 협력과 민간 부문의 참여를 통해 지속 가능한 우주탐사의 기반을 마련하려고 하고 있다.

2.3 유럽

유럽의 초기 우주개발(1950년대~1970년대 초반)은 제2차 세계대전 후, 미국과 구소련의 우주 경쟁에 자극받아 시작됐다. 초기에는 각국이 개별적으로 우주 프로그램을 추진했으며, 주요 목적은 국가 자주성 확보로 볼 수 있다. 전후 재건 과정에서 기술 자주성을 확보하고, 독립적인 군사 및 민간 우주 능력을 구축하기 위해 우주개발을 시작했다.

이후 유럽은 각국이 단독으로는 미국과 구소련과 경쟁하기 어려움을 깨닫고, 협력을 통해 더 큰 성과를 이루기 위해 1975년 유럽우주국(ESA)을 설립했다. 유럽은 ESA를 통해 각국의 협력을 기반으로 기술 개발을 촉진하고, 공동의 목표를 달성하고자 했다. 아리안 로켓 개발을 통해 상업적 위성 발사 시장에서 경쟁력을 확보하여 경제적 이익을 창출하고, 지구 관측 위성 개발을 통해 기후 변화 및 환경 모니터링 등 지구 과학 연구에 이바지했다.

1990년대~2010년대 초반 시기에는 국제 협력이 확대되고, 상업적 우주 활동이 강화되면서 ESA의 역할이 더욱 중요해졌다. 국제우주정거장 참여를 통해 국제적 협력과 유럽의 우주 과학 연구를 확대하고자 했다. 또한, 태양계 연구를 통해 과학적 발견을 이루고, 유럽의 우주탐사 능력을 증명하고자 했다.

2010년대 중반부터 현재에 이르러 ESA는 국제 협력과 독자적인 우주탐사 및 상업적 활동을 더욱 강화하고 있다. 엑소마스(ExoMars) 프로그램을 통해 화성 탐사와 태양계 연구를 확대하고, 국제 협력을 통해 기술적 성과를 이루고자 했다. 최근에는 아르테미스 프로그램 참여와 '아리안 6' 발사체 개발을 통해 달 탐사 및 차세대 발사체 기술을 확보하고, 유럽의 우주탐사 능력을 강화하고 있다.

유럽연합(EU)에서는 유럽 독자적인 글로벌 위성항법시스템인 '갈릴레오(Galileo)' 위성항법시스템을 구축하여, 미국의 글로벌 위성항법시스템인 'GPS'에 대한 유럽의 독립성을 확보하고, 경제적 이익을 창출하고자 하고 있다. 또한, '코페르니쿠스(Copernicus)'[7] 프로그램을 통해 지구 환경 모니터링을 강화하고, 기후 변화 대응 및 환경 보호에 기여하고자 하고 있다.

유럽의 우주개발은 시기별로 다양한 이유와 목적을 가지고 진행되었다. 초기에는 국가 자주성과 과학기술 발전을 목표로 시작되었으며, ESA 설립 이후에는 상업적 성공, 국제적 협력이 중요한 목표로 자리잡았다. 최근에는 지구 환경 연구, 독자적인 위성항법시스템 구축, 달 및 화성 탐사 등 다양한 분야에서 지속 가능한 우주탐사와 기술 혁신을

---

7) 유럽의 코페르니쿠스(Copernicus) 위성 시스템은 유럽연합(EU)과 유럽우주국(ESA)이 협력하여 운영하는 지구 관측 프로그램이다. 이 시스템은 환경 모니터링, 기후 변화 대응, 재난 관리, 그리고 다양한 응용 서비스를 지원하기 위해 설계되었다. 현재 약 10기의 위성이 발사되어 운영되고 있다.

추구하고 있다.

유럽의 ESA와 EU 관계

유럽우주국(ESA, European Space Agency)과 유럽연합(EU, European Union)은 이름에서 유럽을 대표하는 공통점을 가지고 있지만, 둘은 서로 다른 목적과 구조를 가진 독립적인 조직이다. 이 두 조직은 협력 관계를 유지하면서도 서로 다른 역할을 담당한다.

구분	ESA	EU
설립년도	1975년	1993년(마스트리흐트 조약)
성격	과학 및 기술 개발 국제 기구	정치, 경제적 연합체
회원국	22개국(EU 비회원국 포함)	27개국
주요 활동	우주탐사, 위성 개발, 발사체 개발, 과학연구 등	정책 개발, 경제 협력, 법적 통합

2.4 중국

중국은 1950년대 후반부터 소련의 기술 지원을 받아 우주개발을 시작했다. 이 시기는 냉전의 한가운데로, 기술적 자립과 군사적 우위를 확보하려는 노력이 강하게 작용했다. 외부 기술 의존을 줄이고, 독자적인 우주 기술 개발을 통해 국가 자주성을 강화하려는 목적과 함께 장거리 미사일 기술 개발과 군사적 정찰 위성 운영을 통해 국방력을 강화하려는 목적을 가지고 있었다. 1970년 첫 인공위성 '둥팡훙 1호' 발사 성공으로, 중국은 세계에서 다섯 번째로 인공위성을 발사한 국가가 되었다.

1980년대~1990년대에는 경제 개혁과 개방 정책을 통해 급격한 경제 성장을 이루면서, 중국은 우주개발에 대한 투자를 확대했다. 우주 기술을 상업화하여 경제 성장을 촉진하고, 위성 발사 서비스를 통해 수익을 창출하려는 목적이 있었으며, 독자적인 우주 능력을 과시하여 국제 사회에서의 위상을 높이고, 과학기술 강국으로서의 이미지를 구축하려는 목적도 가지고 있었다. 또한 더욱 정교한 군사 위성 개발을 통해 국방력과 정보 수집 능력을 강화하려는 목적도 있었다.

중국은 21세기 들어 본격적으로 우주탐사와 유인 우주비행 프로그램을 추진하기 시작했다. 이는 경제적, 기술적 성과를 바탕으로 이루어진 것이다. 이 시기에 중국은 독자적인 유인 우주비행 능력을 확보하고, 이를 통해 기술력을 과시하며, 국민적 자긍심을 고취하려는 목적이 있었다. 2003년 첫 유인 우주비행 성공(선저우 5호, 양리웨이 우주비행사), 2007년 첫 달 탐사선 '창어 1호' 발사, 2011년 첫 독자 우주정거장 모듈 '톈궁 1호' 발사 등이 이 시기에 얻은 성과이다.

중국의 첫 번째 우주인 '양리웨이(Yang Liwei)'

중국의 첫 번째 우주인은 '양리웨이(Yang Liwei)'로 2003년 10월 15일에 '선저우 5호' 우주선을 타고 성공적으로 우주 비행을 수행하면서 중국의 우주개발 역사에 중요한 이정표를 세웠다. 선저우 5호의 성공은 중국이 독자적으로 유인 우주 비행을 수행할 수 있는 능력을 확보했음을 보여 주었다. 이는 중국이 미국, 러시아에 이어 세계에서 세 번째로 유인 우주 비행을 성공시킨 국가가 되는 순간이었다. 중국의 유인 우주 비행 성공은 국제 사회에서 중국의 과학기술 역량과 우주개발 능력을 인정받는 중요한 사건이었으며, 이는 중국의 국제적 위상을 높이는 데 이바지했다. 또한, 이 성공은 중국 국민들에게 큰 자부심을 안겨 주었으며, 과학기술 분야에서의 자국의 성취를 자랑스럽게 여기는 계기가 되었다.

최근 중국은 우주개발을 국가 전략의 중요한 부분으로 삼고, 독자적인 우주정거장 건설과 화성 탐사 등 다양한 우주개발 프로젝트를 추진하고 있다. 독자적인 우주정거장(톈궁)을 통해 장기적인 우주 체류 기술을 확보하고, 이를 기반으로 심우주탐사 능력을 강화하려고 하고 있다. 또한, 미국의 '아르테미스 프로그램'과 경쟁하기 위해 러시아와 협력하여 국제 달 연구 기지(ILRS, International Lunar Research Station) 건설 계획을 발표했다. '국제 달 연구 기지' 계획을 통해 여러 국가와 협력하여 달 남극에 연구 기지를 건설할 예정이다.

중국의 우주개발은 시기별로 다양한 이유와 목적에 따라 진행되었다. 초기에는 국가 자주성 확보와 군사적 목적이 주요한 동력이었지만, 경제 성장과 과학기술 발전에 따라 상업적 성공, 국제 위상 강화,

그리고 심우주탐사와 기술 혁신으로 그 목적이 확대되었다. 현재 중국은 독자적인 우주정거장 건설과 화성 탐사를 통해 우주개발에서의 글로벌 리더십을 확보하고자 하는 장기적 목표를 추구하고 있다.

2.5 인도

인도의 우주개발 역사는 인도우주연구기구(ISRO, Indian Space Research Organization)를 중심으로 이루어졌다.

ISRO는 1969년에 설립되었으며, 인도의 첫 번째 인공위성 아리아바타(Aryabhata)를 1975년에 발사하였다. 1960년대~1980년대에는 인도가 독립 후 과학기술 발전과 경제 성장을 목표로 하는 시기였다. 초기 우주개발의 주요 목적은 독립적인 우주기술 역량을 확보하여 외국 기술에 대한 의존도를 줄이는 것이었다. 통신, 방송, 기상 관측 등의 목적으로 인공위성을 활용하여 국가의 경제적, 사회적 발전을 촉진하려는 목표가 있었다.

1990년대~2000년대 초반 시기는 인도의 경제 개혁과 개방 정책으로 경제 성장이 가속화되던 시기였다. ISRO는 이 기간 동안 우주 발사체와 위성 기술을 더욱 발전시켰다. 상업적 위성 발사를 추구하여 발사 시장에서 경제적 이익을 창출하려고 하였으며, 인공위성을 통한 통신,

방송, 원격 교육, 원격 의료 서비스 등을 강화하였다. 또한, 기상 및 자연재해를 모니터링하고 이에 대한 대응 능력을 강화하려는 목적으로 위성을 활용하였다.

2000년대 중반~2010년대 초반 시기는 인도가 국제 무대에서 우주 강국으로 자리 잡기 시작한 시기이다. 이 시기에 ISRO는 더 복잡한 임무와 대형 프로젝트를 추진하기 시작했다. 국제적인 협력과 파트너십을 통해 기술 교류와 공동 연구를 강화하였고, 달 탐사와 화성 탐사 등 심우주탐사를 통해 과학적 성과를 도출하고, 국제 사회에서의 기술적 리더십을 확립하려는 목표를 가지고 있었다. 또한, 국가 안보와 군사적 역량을 강화하려는 목적으로 정찰 위성과 통신위성 개발을 확대하였다. 2008년 첫 번째 달 탐사선 '찬드라얀-1호'를 발사하였고, 2013년 첫 번째 화성 탐사선 '망갈리안(Mangalyaan)'을 발사하였다.

2010년대 후반부터 현재까지, 인도는 상업적 위성 발사 서비스를 확대하고, 민간 우주 기업의 참여를 촉진하여 우주 산업의 경제적 기여를 극대화하려는 노력을 기울이고 있다. 또한, 다양한 국제 협력 프로젝트를 통해 글로벌 우주탐사 커뮤니티에서의 역할을 확대하고 있으며, 달·화성 등 심우주탐사 임무를 통해 지속 가능한 우주탐사의 기반을 마련하고 있다. 2019년 '찬드라얀-2호' 발사로 달 남극 착륙을 시도하였고, 2022년에는 인도 최초의 유인 우주비행 임무 '가가냐안(Gaganyaan)' 계획을 발표하기도 하였다.

이처럼 인도의 우주개발은 기술 자립과 국가 발전을 목표로 시작되었으며, 이후 상업적 성공, 국제 협력, 심우주탐사 등으로 그 목적이 확대되었다. 현재 인도는 상업적 우주 산업을 확대하고, 국제 협력을 강화하며, 지속 가능한 우주탐사를 위한 기술적 진보를 이루는 것을 목표로 하고 있다.

2.6 일본

제2차 세계대전 후 일본은 과학기술 발전을 통한 경제 재건과 자주국방을 목표로 다양한 연구 개발을 추진했다. 우주개발은 이러한 노력의 일환으로 시작되었다.

1950년대~1970년대에는 우주 기술 개발을 통해 전반적인 과학기술역량을 향상시키고, 국제 과학 공동체에서의 위치를 확보하려는 목표가 있었다. 또한, 우주개발 프로젝트를 통해 과학기술 분야의 인재를 양성하고, 젊은 세대의 과학기술에 관한 관심을 촉진하려는 목적이 있었다. 이러한 이유로 고체 발사체 기술력을 확보하기 위한 펜실 로켓[8]을 개발하여 1955년 발사에 성공하였다. 그리고 1970년에는 일본의 첫

---

8) 일본의 펜실 로켓(Pencil Rocket)은 일본의 초기 우주개발 역사에서 중요한 위치를 차지하는 소형 실험 로켓이다. 이 로켓은 일본의 우주개발을 본격적으로 시작하는 데 큰 기여를 했으며, 그 성공은 이후의 우주개발 프로그램에 중요한 초석이 되었다. 외국 기술에 의존하지 않고, 일본 자체의 기술력으로 로켓을 개발한 것은 과학기술 자립의 중요한 사례로 평가받고 있다.

번째 인공위성인 '오스미(Osumi)' 발사에 성공하여, 세계 네 번째로 인공위성을 발사한 국가가 되었다.

1980년대와 1990년대는 일본 경제가 급성장하던 시기였으며, 이에 따라 우주 개발에도 많은 자원이 투입되었다. 이 때 일본은 독자적인 발사체와 위성 개발을 본격화했다. 1985년 첫 번째 상업적 통신위성 'CS-3'를 발사했으며, 1990년에는 첫 번째 독자 개발 발사체 'H-II'를 발사하였다.

2000년대 들어 일본은 우주탐사와 국제 협력에 중점을 두기 시작했다. 이 시기에 우주항공연구개발기구인 JAXA[9]가 설립되어 일본의 우주 개발을 통합적으로 관리하고 추진하게 되었다. 국제우주정거장과 같은 대형 국제 협력 프로젝트[10]에 참여하여 기술 교류와 공동 연구를 강화하였으며, 달 탐사와 소행성 탐사 등 심우주탐사를 통해 과학적 성과를 도출하고, 일본의 기술력을 증명하기도 했다. 2010년에는 첫 번째 소행성 탐사선 '하야부사(Hayabusa)'가 소행성 이토카와에서 표본을 채취하여 지구로 귀환하였다.

2010년대 후반부터 현재까지, 일본은 우주탐사와 상업적 우주 활동을 더욱 강화하고 있으며, 민간 우주 산업의 성장을 촉진하고 있다. 또

---

9) 2003년 국가우주개발청(NASDA), 우주과학연구소(ISAS), 국립항공우주연구소(NAL)를 통합하여 JAXA가 출범

10) 2008년 국제 우주 정거장(ISS)에 일본의 실험 모듈 '기보(Kibo)'가 설치됨

왜? 우주개발을 해야 하는가!

한, 다양한 국제 협력 프로젝트를 통해 글로벌 우주탐사 커뮤니티에서의 역할을 확대하려는 목표가 있으며, 이를 통해 국가 위상 강화와 영향력 확대를 꾀하고 있다.

일본의 우주개발도 시기별로 다양한 이유와 목적을 가지고 발전해왔다. 초기에는 기술 자립과 과학기술 발전을 목표로 시작되었으며, 이후 상업적 성공, 국제 협력, 심우주탐사 등으로 그 목적이 확대되었다. 현재 일본은 상업적 우주 산업을 확대하고, 국제 협력을 강화하며, 우주탐사 분야에서의 독자적 기술력 확보를 목표로 하는 것으로 보인다.

Part 2

현재의 우주개발을 이끄는 '우주 경제'와 '우주 안보'

앞에서 지금까지의 우주개발 동력에 대해 살펴보았다면, 이번에는 최근의 우주개발을 견인하고 있는 양대 축인 '우주 경제'와 '우주 안보'에 대해 살펴보고자 한다.

최근 '우주 경제'의 화두는 뉴스페이스일 것이며, 그 특징은 민간의 자본 참여 확대와 첨단기술 역량의 발전으로 전통적으로 공공 주도로 수행되던 우주개발 분야에 민간의 역할이 대폭 확대되고 있다는 점이다. 뉴스페이스 시대에는 민간의 다양한 아이디어 기반의 변화가 우주개발의 추진 방식을 혁신하고, 새로운 우주 서비스를 창출하고 있다. 세계 주요 기업들은 이러한 뉴스페이스 시대에 막대한 자본과 기술력을 바탕으로 본격적인 우주 인터넷 및 우주 관광 서비스 등 우주의 새로운 시장 선점 경쟁을 시작하고 있다. 이러한 시대 변화에 따라 우주를 통해 국가 경제 발전을 꾀하고, 새로운 부가가치를 생산하기 위한 노력이 커지고 있다. 이에 세계 각국은 우주 경제를 새로운 국가 성장 동력의 분야로 인식하고 다양한 투자 및 정책을 펼치고 있다.

최근 우주 분야에서 주목을 받고 있는 또 다른 분야는 '우주 안보' 영역일 것이다. 우주 시스템 이용 없이는 현재의 국가 안전보장 활동이 성립할 수 없게 되었고, 이에 주요국들은 다양한 우주 시스템을 배치하고 있다. 현대전에서 정찰·통신·항법 위성과 같은 우주 자산은 군 작전 임무를 수행함에 있어서 정확하고 신속하게 정보를 획득하게 하고 전장에서 주도권을 잡는 데 중요한 역할을 수행한다. 또한 민간의 우주 자산이 확대됨에 따라 이에 대한 보호와 안전을 담보하는 것이 우주 경제 영역에서의 발전에도 중요한 요소로 나타나고 있다. 이러한 우주 안보에 대한 중요성이 커짐에 따라, 주요국들은 우주 공간을 '작전 영역'으로 인식하면서, 이에 대응하기 위한 방위 체계 및 전략을 발표하고 있다.

높아지는 우주개발에 대한 경제적 기대감

우주 경제 분야는 최근 빠르게 성장하고 있으며, 앞으로도 성장 가능성이 높은 분야로 인식되고 있다. 모건스탠리가 전 세계 우주 산업 규모를 3,500억 달러('16)에서 1조 1천억 달러('40)로 성장할 것으로 전망하고 있는 것도 이러한 상황을 설명해 주고 있다.

우주 산업(Space Industry)과 우주 경제(Space Economy)

○ **우주 산업(Space Industry)** : 우주 산업은 주로 우주와 관련된 기술과 서비스의 개발, 생산, 운영을 포함하는 산업 부문을 말함

- 발사 서비스: 발사체를 개발·제작하고 발사하여 위성을 궤도에 올리는 서비스
- 위성 제조: 통신, 지구 관측, 과학 탐사를 위한 다양한 종류의 위성을 설계하고 제작하는 것
- 지구 관측 및 데이터 서비스: 위성을 통해 수집된 데이터를 분석하고 제공하는 서비스(농업, 기후 모니터링, 재난 대응 등에 활용)

- 우주탐사: 소행성, 달, 화성 등의 탐사를 위한 우주선 및 로버 개발 등
- 우주 관광: 민간인을 대상으로 한 우주여행 서비스
- 우주 인프라 개발: 우주정거장, 달 기지 등과 같은 장기적 거주 공간 등 개발

○ **우주 경제(Space Economy)** : 우주 경제는 우주 산업을 포함하여 우주와 관련된 모든 경제 활동을 아우르는 더 넓은 개념으로 우주 산업뿐만 아니라 우주와 연관된 경제적, 사회적 영향 등을 모두 포함

- 우주 관련 산업 활동: 우주 산업의 모든 활동
- 부가가치 창출: 우주 기술이 다른 산업에 미치는 영향. 예를 들어, GPS 기술이 물류, 교통, 농업 등에 미치는 경제적 효과
- 자원 활용: 우주 자원(예: 소행성의 희귀 금속, 달의 헬륨-3 등)을 활용하여 새로운 경제적 가치를 창출
- 글로벌 협력과 규제: 우주 활동을 조율하고 규제하는 국제적 협력과 정책
- 금융 및 투자: 우주 관련 프로젝트에 대한 투자, 민간 기업과 정부 간의 협력 및 파트너십
- 사회적 및 환경적 영향: 우주 기술이 환경 보호, 기후 변화 대응, 글로벌 통신망 확장 등에 미치는 영향

이러한 우주 경제의 키워드는 '선점'이라고 할 수 있다. 미래 우주 경제의 핵심 분야로 인식되는 우주 인터넷의 경우 현재 스페이스 엑스가 가장 앞서 있지만, 원웹, 아마존 및 중국 기업들도 해당 서비스를 제공하기 위한 사업에 착수한 상태이다. 또한, 우주 정거장 서비스를 계획하고 있는 미국의 액시엄(Axiom)사, 우주 관광 시장을 개척하고 있는 스페이스 엑스, 블루오리진 등 다양한 기업들이 우주 경제의 한 분야에

서 주도권을 잡기 위해 노력하고 있다.

　우주 분야는 타 분야와 달리 시장을 개척하고 안정시킨 첫 번째 기업
이 가장 큰 이익을 창출할 수 있는 구조이다. 예로, 우주 인터넷 구현을
위해 수천 기 이상의 위성을 쏘아 올린 스페이스 엑스의 스타링크가 주
요한 궤도 및 주파수를 선점하고 이를 기반으로 서비스를 시작하게 되
면, 후발 주자들이 궤도 및 주파수 확보에 어려움을 겪게 될 것이며, 이
로 인해 관련 서비스 창출이 어려워질 수 있기 때문이다.

　또한 우주 시스템의 경우 안전성·안정성이 중요한 요소로, 우주에서
검증된 헤리티지 확보가 고객의 마음을 사로잡기 위한 매우 중요한 요
소이다. 이는 보험 시장에서도 상대적인 인센티브를 가지게 된다. 이
에 우주에서 첫 서비스를 시작한 기업이 지속적인 안전성·안정성을 확
보해 간다면, 후발 주자들과 격차를 벌릴 수 있다.

　우주 산업은 타 분야 산업과 연계되어 다양한 시너지 및 새로운 시장
을 형성할 수 있는 잠재력을 가지고 있다.

　통신 산업 분야에서는 앞에서 언급하였던 저궤도 위성 인터넷 서비
스가 새로운 시장을 창출할 것이다. 전통적인 통신 산업은 지상 기반
의 인프라(케이블, 기지국 등)에 크게 의존한다. 이는 접근성이 제한적
이고, 특히 농촌이나 산간 지역에서는 인프라 구축이 어려워 통신 서비

스 제공이 쉽지 않다. 스페이스 엑스의 스타링크와 같은 저궤도 위성 인터넷 서비스는 수천 개 이상의 저궤도 위성을 통해 전 세계 어디서나 고속 인터넷을 제공한다. 이는 지상 기반 인프라의 한계를 극복하고, 전 세계의 인터넷 접근성을 획기적으로 개선시킬 수 있다.

전통적인 관광 산업은 지상 기반 관광지에 의존하며, 새로운 경험과 차별화를 위해 끊임없이 혁신을 추구하고 있다. 이러한 관점에서 우주 여행은 기존의 관광 경험과는 전혀 다른 차원의 경험을 제공할 수 있다. 우주 관광은 초기에는 고가의 서비스로 시작되지만, 기술 발전과 비용 절감을 통해 점차 대중화될 수 있다. 이를 통해 새로운 시장을 창출하고, 관광 산업의 성장을 견인할 수 있을 것이다.

이러한 우주 산업의 성장 가능성을 자동차 산업과 비교해 설명해 보자.

시장 성숙도와 성장 잠재력 분야를 살펴보면, 자동차 산업은 이미 매우 성숙한 시장으로, 전 세계적으로 자동차가 보급되어 있으며, 주요 시장은 포화 상태이다. 혁신은 주로 전기차, 자율주행차, 그리고 커넥티드 카 등의 기술적 향상에 초점을 맞추고 있다. 이에 반해 우주 산업은 상대적으로 초기 단계에 있으며, 많은 부분이 아직 개척되지 않았다. 현재의 주요 활동은 인공위성 개발, 위성 정보의 활용 및 발사 서비스에 집중되어 있지만, 미래에는 우주 자원 채굴, 우주 관광, 우주 정거장 건설, 그리고 달과 화성으로의 이동 등 새로운 분야가 열릴 가능성이 크다.

이러한 우주 분야의 경제적 가치를 인식하고 우주 산업 분야에서의 경쟁력 확보 및 우위를 점하기 위해 주요 국가들은 자국의 우주개발 역량을 확대하고 기업의 참여 및 성장을 견인하기 위한 다양한 정책을 펼치고 있다.

확대되는 우주 경제에 대한 다양한 전망

앞에서 언급했듯이 모건스탠리는 전 세계 우주 경제 규모를 3,500억 달러('16)에서 1조 1천억 달러('40)로 성장할 것으로 전망하고 있다. 또한, 긍정적인 시나리오로 지금의 뉴스페이스 상황이 지속 발전한다고 가정하면, 2040년의 우주 경제 규모는 1조 7,500억 달러까지 성장할 수 있다고 내다보았다.

맥킨지도 우주 산업의 확대를 예측하고 있다. 맥킨지의 보고서에 따르면 글로벌 우주 경제는 2023년 6,300억 달러에서 2035년에는 1.8조 달러에 이를 것으로 예상된다. 이는 연평균 약 9%의 성장률을 의미하며, 세계 GDP 성장률을 크게 웃도는 수치이다. 우주 기술은 통신, 위치 추적, 지구 관측 서비스 등 다양한 분야에서 큰 역할을 하며, 이로 인해 다양한 산업에 걸쳐 경제적 가치를 창출할 것으로 보인다.

미국의 발사 서비스 기업인 ULA(United Launch Alliance)는 'Cislunar 1000' 계획을 발표했다. 'Cislunar 1000' 계획은 달과 지구 사이의 경제를 구축하고 상업적 기업들이 협력하여 자급자족이 가능한 공동체를 형성하는 것을 목표로 한다. 이 비전에는 다음과 같은 요소들이 포함된다. 첫 번째는 자원 활용 부분이다. 달의 극지방과 소행성에서 수집한 물을 활용하여 연료를 생산하는 것으로, 이는 달과 그 너머로의 지속 가능한 탐사를 가능하게 한다. 두 번째는 달과 시스루나[11] 공간에서의 경제 활동을 지원하기 위해 연료 보급소, 추진제 창고, 운송 허브 등 다양한 우주 기반 인프라를 구축하는 것이다. 이러한 인프라는 달과 지구 사이의 경제 활동 효율성을 높이고, 장기적으로 지속 가능한 경제 생태계를 구축하는 데 기여할 것이다.

이러한 비전 및 계획을 통해 2050년쯤에는 연간 약 1,100명이 달을 방문할 것이고, 이를 통해 약 3조 달러(약 3,900조 원)의 시장이 형성될 수 있을 것으로 예측하고 있다.

우주 경제의 확장을 살펴볼 수 있는 또 다른 부분은 정부의 우주 분야 투자 규모이다. 이 분야에서 오랫동안 정보를 제공하고 있는 유로컨설트(Euroconsult)는 2024년 정부 우주 예산이 2023년보다 10% 증가한 총 1,350억 달러에 이르렀다고 보고하였다. 이러한 수치는 정부의 우주 투자 예산으로서는 사상 최고치다. 또한 유로컨설트 보고서는

---

11) 지구와 달 사이의 공간을 의미함

향후 정부 우주 예산 확대가 지속될 것으로 예상하고 있다.

유로컨설트 보고서에 의하면 민수 분야 우주 예산은 2024년에 총 620억 달러(총 규모의 46%)였으며 국방 분야는 730억 달러(총 규모의 54%)로 나타났다. 전통적으로 민수 분야 우주 예산이 국방 분야에 비해 컸으나 2023년부터 국방 분야 예산이 민수 분야를 앞서는 모습을 보이고 있다.

유로컨설트 예측에 따르면 향후 10년 국방 예산이 민수 분야 예산을 계속 앞설 것으로 보이며, 2033년에는 세계 정부 우주 분야 예산 규모가 1,440억 달러 규모까지 성장할 것으로 보인다.

왜? 우주개발을 해야 하는가!

2

우주 안보, 더 이상 먼 이야기가 아니다

우주는 더 이상 도달하기엔 너무 멀고, 이용하기엔 너무 어려운, 동경의 대상이 아니다. 우리는 매일 우주에 쏘아 올려진 위성을 활용하여 생활하고 있으며, 매일매일 우주 관련 뉴스를 접하고 있고, 앞으로 새롭게 나타날 우주 시대에 대한 비전을 꿈꾸고 있기 때문이다.

우주의 역할은 국가 안전보장 영역에서도 그 중요성이 증가하고 있다. 국방 분야에서 우주는 적을 감시 정찰 할 수 있는 정찰 위성, 끊임없이 빠르게 정보를 주고받을 수 있는 통신위성, 적 및 아군의 위치를 정확하게 확인할 수 있는 항법 위성 등을 배치하고 운영할 수 있는 공간이기 때문이다. 이러한 국방 분야에서의 위성 활용은 미래 전장에서 없어서는 안 되는 중요한 수단이며, 그 중요성은 더욱 커질 것으로 보인다.

우주는 현재에도 많은 영역에서 이용되고 있지만 앞으로는 그 활용 분야가 더욱 넓어질 것이며 새로운 형태의 우주 이용도 증가할 것이다. 또한 이러한 변화는 더 많은 사람들이 우주와 관련된 일을 하고 우주와 연결된 생활을 하게 되는 기반이 될 것이다. 이러한 우주 이용의 확장과 함께 부각되고 있는 것이 '우주 안보'이다.

'우주 안보'란 기존에는 국방 분야에서의 우주 이용에 중점을 둔 의미로 해석되었지만, 최근에는 우주를 기반으로 다양한 활동들이 이루어지고, 민간 중심의 새로운 서비스들이 생겨나면서 '안전'이라는 개념도 포함하는 의미로 확대 해석되고 있는 상황이다. 이러한 최근의 변화를 반영하여 '우주 안보'에 대한 정의를 내려 보면 다음과 같이 이야기할 수 있다.

"우주 안보란, 안전하게 우주를 이용하고 우주로 접근할 수 있으며, 지구 및 우주에서의 안전 보장을 위해 우주를 이용할 수 있도록 하는 모든 기술적, 규제적, 정치적 활동 등을 의미한다."

이러한 우주 안보는 '우주 안전', '국방 우주', 그리고 '우주 사이버 보안'이라는 세 가지 영역으로 구분하여 이야기할 수 있다.

먼저 '우주 안전'은 '유인 우주 비행 안전', '우주 환경 보호', '자연적 우주 위험 대응', '발사 및 재진입 안전', '우주교통관리'[12] 등으로 이야기할 수 있을 것이다.

유인 우주 비행 안전에는 사람이 우주를 비행하기 위해서 필요한 생명 유지 장치 등의 기술적 요소와 유인 우주 비행을 허가하기 위한 절차 및 승인 등의 제도적 장치 등이 포함된다. 우주 환경 보호 관련으로는 지구 궤도상의 우주 쓰레기 생성을 줄이기 위한 가이드라인 및 우주 쓰레기를 제거하기 위한 기술 및 제도 등의 요소를 이야기할 수 있다. 자연적 우주 위험 대응에 대한 부분은 근지구 우주 물체 및 운석 등의 충돌에 대비하는 역량과 우주 기상 관측 및 영향 분석 등을 이야기할 수 있다. 발사 및 재진입 안전의 경우는 발사체의 발사 및 재진입 시의 안전 영역 확보, 발사 준비 시의 지상 안전 점검 등과 관련된 모든 활동들이 포함된다. 우주교통관리는 향후 중요하게 나타날 분야로 어떻게 보면 '우주 안전'의 핵심이자 모든 것을 포함하는 부분으로도 이야기할 수 있을 것이다.

두 번째로 살펴볼 영역은 '국방 우주'이다. '우주 안전'이란 일반적으로 비의도적인 위험에 대응하는 부분이라면, '국방 우주'는 의도적인 위협에 대응하기 위한 부분으로 인식하면 좋을 것이다. 이러한 '국방 우주'는 다시 세 가지 부분으로 구분할 수 있는데, 첫 번째는 '우주에서 지

---

12) 우주교통관리(Space Traffic Management, STM)는 "국제 및 국가 기관이 우주선(위성, 탐사선 등)과 우주 잔해를 추적하고, 우주 운영자가 우주선을 배치하는 위치를 규제하고, 잔해 경감 및 정화 활동을 감독하는 일련의 활동"이라고 정의할 수 있다.

구' 부분으로 군사 적전, 미사일 방어 등 국방 분야에 대한 우주의 활용을 말할 수 있다. 즉, 이러한 활용에 필요한 우주 정보 및 우주 자산(지구 관측 위성, 조기경보위성, 통신위성, 항법 위성 등)의 확보와 관련된 활동이다. 두 번째는 '지구에서 우주' 부분으로 우주 자산에 위협이 되는 상황에 대해서 지상에서 대처하는 일련의 활동과 이에 필요한 자산의 확보를 말할 수 있다. 즉, 자국의 우주 자산에 위협이 되는 상황을 모니터링(우주상황인식, Space Situational Awareness(SSA))하고 대처하는 방법 및 지상에서 적의 우주자산을 공격할 수 있는 수단의 확보 등에 관한 내용을 포함하고 있다. 마지막은 '우주에서 우주' 부분으로 지구궤도, 지구과 달 사이 등의 우주 공간에서 우리의 우주 자산 및 활동에 위협이 되는 상황을 인지하고 이에 대응할 수 있는 우주자산 등을 확보하는 모든 내용을 포함한다. 이처럼 국방 분야에서 우주의 활용은 점점 증가하는 추세이며, 이와 관련된 다양한 우주 자산의 확보도 늘어나고 있다. 또한, 우주를 지상, 해상 및 공중과 같은 하나의 작전 영역으로 인식하고 이에 대응하기 위한 교리 개발 및 국방 전략을 강화하고 있는 추세이다. 과거에는 '해양을 지배하는 국가가', 최근에는 '하늘을 지배하는 국가가' 국가 안보의 최우선 과제였다면, 향후에는 '우주를 지배하는 국가가' 그 자리를 차지할 것으로 보인다.

우주 안보에서 살펴볼 마지막 영역은 '우주 사이버 보안'이다. 우리의 우주 자산에 대한 위협은 크게 '물리적 위협'과 '비 물리적 위협'으로 구분할 수 있다. 물리적 위협이란 미사일, 레이저 및 궤도상에 배치된 공

왜? 우주개발을 해야 하는가!

격 능력을 갖춘 위성 등을 통해 우리 우주 자산이 파괴되거나 기능이 마비되는 등을 일컫는다면, 비 물리적 위협은 우리의 우주 자산에 대한 해킹과 같은 사이버 위협일 것이다.

물리적 위협보다 비 물리적 위협이 더욱 중요해지는 이유는 물리적 위협을 일으킬 수 있는 국가는 소수에 불과한(위성 및 발사체 개발 능력 등을 보유한 국가는 세계적으로 손에 꼽을 정도) 반면에 비 물리적 위협인 사이버 위협은 컴퓨터만 있다만 누구든지 공격이 가능한 부분으로 그 위험성이 매우 높기 때문이다.

지금까지는 소수의 확정된 사용자만이 우주 시스템을 이용하였기에 사이버 위협에 대한 대응이 용이했다. 하지만, 향후에는 우주 인터넷과 같이 일반 국민들도 우주 시스템과 연결되어 서비스를 받게 되고, 항공·지상·해양 시스템들이 위성 등의 우주 시스템과 연결되는 사회가 도래하게 되면, 우주 시스템에 대한 사이버 위협은 더욱 커질 것이다. 하지만 다른 사회 시스템(인터넷과 연결된 금융, 항공, 반도체 산업, 연구 개발, 국방 등)에 비해 우주 시스템은 상대적으로 사이버 위협에 노출된 경험이 적기 때문에 타 분야에 비해 일반적인 사이버 위협에 대응하는 체계가 부족한 실정이다. 이에 향후에는 기존 타 분야에서의 사이버 보안 역량 등을 접목하여 우주 자산에 대한 새로운 사이버 보안 체계 구축이 반드시 수행되어야 한다. 보안 기준과 표준을 만들고, 이를 적용한 하드웨어 및 소프트웨어를 개발하고, 우주 자산에 대한 실시간 보안 모니터링을 수행하는 등의 기술적, 제도적 틀을 새롭게 구축해 나가야 하는 것이다.

이러한 다양한 우주 안보 이슈에 대한 대응 역량의 확보는 새로운 우주개발 투자로 이어질 것이다. 우주 안전의 핵심인 '우주교통관리' 부분에서 이미 미국은 경제적 선점을 위해 노력하고 있다. 우주교통관리에 대한 상업적 활동을 미국 상무부가 주관하여 국가 정책적으로 펼치고 있는 상황이다. 향후 우주교통관리 분야는 지금의 항공교통관리 분야와 같은 형태로 진화할 것으로 예측되며, 이를 통해 다양한 관제, 보험 등 관련 새로운 시장이 형성되고, 이러한 시장에 새로운 직업들이 나타나게 될 것으로 보인다.

국방 우주 분야도 앞으로 우주개발의 투자를 견인할 중요한 부분이다. 앞에서 언급하였듯이 국방 작전에 있어서 우주 시스템은 필수 요소가 되었다. 이에 이러한 자산의 확보를 위한 투자가 증가할 것이다. 또한, 우주를 해양, 지상, 공중과 같은 작전 영역으로 인식하고, 다양한 우주 공격에 대응하기 위한 체계 구축을 위해서도 새로운 투자가 늘어날것이다. 예를 들어, 적의 위성이나 우주 자산을 물리적으로 파괴할 수 있는 체계를 개발하고, 적의 위성 신호를 교란시키거나 방해 전파를 발사하는 시스템을 구축해야 할 것이다. 또한 적의 해킹 공격 등의 사이버 공격에 대응하기 위한 시스템을 개발하고 적용하는 등에 대한 체계 구축도 필요해질 것이다.

위성 공격 방법

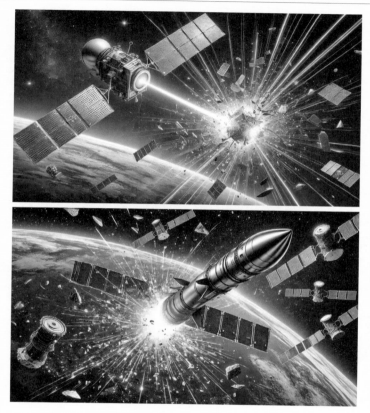

출처 : 챗GPT를 이용하여 구현한 이미지

Part 3

우주개발이 줄 수 있는
새로운 미래 변화

앞의 내용으로 비추어 보면, 우리는 왜? 위성을 개발하는지, 발사체를 개발하는지, 우주탐사를 추진하는지에 대해 알 수 있다. 하지만 아직도 '우주개발을 왜? 하지?'에 대해 일반 국민이 이해하기에는 "뭔가, 부족한데?"라고 느낄 수 있다.

이는 앞에서 설명한 다양한 이유 대부분이 과거 또는 현재의 우주개발 활동에 대한 필요성, 이유이기 때문으로 생각된다. "지금까지 우주개발을 한 이유는 알겠어, 그런데 앞으로도 우주개발을 계속해야 해? 앞으로 더 많은 투자가 필요하다고 하는데, 지금까지의 투자 정도만 하면 안 돼?"에 대한 질문이 "우리는 우주개발을 왜? 해야 하는가?"라는 현재의 물음으로 나타난 것 같다.

앞으로 지속해서 우주개발을 추진하고, 거대한 투자가 이루어지기 위해서는 과거 및 현재의 '우주개발의 필요성'이 아닌 우주개발이 가져올 미래의 변화 및 혜택을 설명해야 할 것으로 보인다. 그리고 우주개발을 통해서만 우리가 얻을 수 있는 미래의 가치를 설명할 수 있어야 할 것으로 보인다.

미래에 우주가 우리에게 줄 수 있는 혜택을 살펴보기 전에, 미래에 우리에게 필요한 요소가 무엇인지부터 확인해 보고자 한다. '인류가 지속적으로 발전하기 위해, 필요한 요소 20개'를 도출해 보면, 아래와 같이 정리할 수 있을 것이다.

왜? 우주개발을 해야 하는가!

(1) **교육:** 양질의 교육 시스템은 모든 사람에게 평등한 교육 기회를 제공하고, 창의력과 비판적 사고를 장려

(2) **과학과 기술 발전:** 연구 및 개발을 통해 새로운 기술과 과학적 발견을 이룸

(3) **환경 보호:** 자연 자원을 지속 가능하게 관리하고, 기후 변화를 완화하며, 생물 다양성을 보존

(4) **경제적 안정:** 안정적인 경제 시스템과 공정한 분배를 통해 빈곤을 줄이고, 모든 사람이 기본적인 생활을 할 수 있도록 함

(5) **의료 접근성:** 모든 사람에게 양질의 의료 서비스를 제공하여 건강을 증진시키고 질병을 예방

(6) **정치적 안정과 평화:** 민주주의와 법치주의를 기반으로 하는 정치 시스템과 국제적 평화 유지

(7) **에너지 지속 가능성:** 재생 가능 에너지원의 개발 및 사용을 통해 에너지 자원을 효율적으로 관리

(8) **사회적 평등:** 성별, 인종, 종교, 성적 지향 등에 따른 차별을 없애고, 모두가 평등한 기회를 얻도록 함

(9) **문화와 예술:** 문화적 다양성과 예술의 발전을 통해 사회의 풍요로움 증진

(10) **식량 안보:** 안전하고 영양가 있는 식량을 모든 사람에게 제공할 수 있는 시스템 구축

(11) **주거 보장:** 모든 사람에게 안전하고 적절한 주거 제공

(12) **인프라 발전:** 교통, 통신, 전기 등 기본적인 인프라를 발전시키

고 유지

(13) 혁신과 기업가 정신: 새로운 아이디어와 사업 모델을 장려하고 지원

(14) 노동권 보호: 노동자의 권리를 보호하고, 안전하고 공정한 노동 환경 제공

(15) 법과 정의: 공정한 법 집행과 사법 시스템을 통해 사회 정의 실현

(16) 인구 관리: 인구 증가와 감소를 균형 있게 관리하여 사회적, 경제적 안정 도모

(17) 국제 협력: 글로벌 문제를 해결하기 위해 국가 간 협력과 연대 강화

(18) 자연 재해 대비: 자연 재해에 대비하고, 신속하게 대응할 수 있는 시스템 구축

(19) 사회 복지: 취약 계층을 지원하는 복지 시스템 강화

(20) 정보 접근성: 모든 사람이 정보에 쉽게 접근하고 공유할 수 있는 환경 조성

이러한 인류 발전에 필요한 요소들의 확보, 유지 및 혁신에 우주개발이 기여할 수 있다. 우주탐사를 통해 얻은 새로운 지식을 미래 세대에 교육할 수 있고, 극한 환경에 대응하기 위한 기술 확보는 인류의 기술 발전을 견인할 것이다. 우주를 통한 새로운 경제 체계는 글로벌 경제가 지속해서 성장할 수 있는 환경을 조성해 줄 것이다. 또한, 우주 태양광은 인류의 에너지 문제 해결에 도움을 줄 수 있을 것이다.

왜? 우주개발을 해야 하는가!

〈인류 발전 요소와 우주개발과의 관련성〉

인류 발전 필요 요소 20개	우주개발과의 관련성	
	관련 여부	관련 내용
교육	○	- 위성 통신을 통한 양질의 통신 교육 가능 - 지구, 태양계 및 우주에 대한 새로운 지식 교육
과학과 기술의 발전	○	- 우주를 통한 물리 법칙 발견 및 검증 - 우주를 탐사할 수 있는 새로운 기술 개발 - 우주개발을 통해 확보한 다양한 Spin-off 기술
환경 보호	○	- 지구 환경 모니터링 - 유해 물질 우주에서의 처리
경제적 안정	○	- 새로운 우주 경제 시대 구현 - 우주를 통한 광물 자원 확보
의료 접근성	○	- 위성 통신 등을 통한 원격 의료 - 우주 시험 등을 통해 의학, 바이오 등 분야에 대한 새로운 발견
정치적 안정과 평화	×	-
에너지 지속 가능성	○	- 우주 태양광 등 새로운 우주 기반 에너지원 확보
사회적 평등	×	-
문화와 예술	○	- 지구권 문화에서 달, 화성 등 태양계 활동에 따른 새로운 다양성 확보 - 우주 인터넷을 통한 낙후 지역의 문화·예술 경험 확대
식량 안보	○	- 우주 기술을 활용한 식량 생산 체계 변화 도모 - 타 행성에서의 새로운 농작물 재배 기술 확보
주거 보장	×	-

인류 발전	우주개발과의 관련성		
필요 요소 20개	관련 여부	관련 내용	
인프라 발전	O	- 새로운 인터넷, 수송 수단 등 구현	
혁신과 기업가 정신	O	- 우주에 도전하고 새로운 경제적 성과를 창출하기 위한 혁신 기업 등장	
노동권 보호	×	-	
법과 정의	×	-	
인구 관리	O	- 인구 증가에 대응하기 위한 새로운 인류의 삶의 터전 마련(화성 등)	
국제 협력	O	- 우주개발의 효율적 추진을 위해 다양한 분야에서의 국 제협력 수행	
자연 재해 대비	O	- 위성을 통한 지구의 재해재난 감시 - 소행성 충돌 등으로부터 지구 보호	
사회 복지	O	- 우주 인터넷을 통한 세계 취약 국가 등에 대한 정보 복 지 서비스 제공	
정보 접근성	O	- 우주 인터넷 등을 통해 지구촌 대부분의 사람들이 인 터넷을 이용할 수 있는 환경 구현	

이처럼 우주개발은 지속적인 인류 발전을 위해 없어서는 안 되는 중요한 분야로 파악된다. 다음으로는 이러한 우주개발을 통한 혜택 및 사회 변화를 다양한 예를 통해 살펴보고자 한다. 또한 이러한 혜택이 인류의 발전에 필요한 요소들과 어떻게 연계되는지 알아보고자 한다.

디지털 사회를 가속하다

디지털 사회는 디지털 기술과 네트워크를 중심으로 형성된 사회적 구조와 관행을 의미한다. 이는 정보 및 커뮤니케이션 기술의 발전으로 인해 디지털 데이터 및 정보의 생산, 공유, 접근, 처리, 저장 등이 중요한 역할을 하는 사회이다. [13] 이러한 디지털 사회의 핵심 역할을 수행하는 것이 인터넷이다.

우리가 매일 손쉽게 이용하는 휴대폰을 통한 다양한 정보 획득 등이 이러한 인터넷 이용의 일환이다. 그리고 우리가 이용하고 있는 휴대폰의 인터넷은 무선이라기보단 유선을 기반으로 구축되어 있는 체계를 활용하고 있다. 무선으로 이용하는 범위는 내 휴대폰과 각 통신사에서 제공하고 있는 기지국 사이이며, 각각의 기지국들은 유선으로 연결되어 있다. 또한 국가별 인터넷의 연결은 바닷속에 매장되어 있는 광통신망을 이용하고 있기 때문이다.

---

13) https://blog.naver.com/damasus64/223242400465

우리나라의 경우 국내 대부분의 지역에서 유·무선으로 편리하게 인터넷을 이용하고 있어 모든 국민이 인터넷을 사용할 수 있는 환경에 접해 있다고 할 수 있다. 하지만 세계 상황을 살펴보면 생각보다 많은 인구가 인터넷을 사용하지 못하고 있다. Datareportal[14]에 의하면 2024년 10월 기준 세계 인구는 약 81.8억 명으로 집계되고 있다. 이 중에서 개별적으로 인터넷을 사용하고 있는 인구는 약 55.2억 명으로 전체 인구 대비 약 67.5%에 해당한다. 반대로 말하면 세계 인구의 약 32.5%인 26.5억 명이 인터넷을 사용하고 있지 못하고 있다는 이야기가 된다. 인터넷을 사용하지 못하는 이유로는 인터넷 연결을 위한 광케이블 등의 설치에 요구되는 경제력의 부재와 물리적 요소(사막, 초원, 평원, 밀림, 바다, 산악지역 등)로 인한 광케이블 등의 설치 어려움을 들 수 있을 것이다.

이러한 상황을 극복할 수 있는 방안이 우주에서 운용하는 위성을 통한 인터넷 서비스일 것이다. 우주 인터넷은 지상 기반의 광케이블 등의 유선 연결 체계가 필요 없다. 우주에 떠 있는 위성으로부터 무선으로 직접적으로 데이터를 송·수신할 수 있기 때문에 물리적인 한계를 극복하여 세계 어디에서든 인터넷을 사용할 수 있는 환경을 만들어 줄 수 있기 때문이다.

이미 기존 통신위성을 통해 인터넷 서비스를 하고 있는 상황이지만,

---

14) https://datareportal.com/reports/digital-2024-october-global-statshot

왜? 우주개발을 해야 하는가!

이는 정지궤도 위성을 통한 서비스로 우리가 사용하고 있는 지상 기반의 인터넷 대비 속도가 느린 편이다. 이는 지상에서 정지궤도까지의 거리가 약 3만 6,000km 떨어져 있어, 물리적으로 먼 거리로 인한 일정 수준의 전송 시간이 필요하기 때문이다.

하지만 최근 이를 극복할 수 있는 저궤도[15]를 이용한 인터넷 서비스를 제공하는 기업들이 나타나고 있다. 그중 스페이스 엑스의 스타링크는 세계 일부 지역에서 이미 서비스를 시작하고 있다.

저궤도에 위성을 올려서 인터넷 서비스를 수행하게 되면 앞에서 설명한 정지궤도에서의 서비스 시에 지연되는 문제를 해결할 수 있어, 지금 우리가 사용하고 있는 5G 수준의 속도를 제공할 수 있다. 하지만 저궤도에서의 인터넷 서비스를 수행하기 위해서는 수백, 수천 기 이상의 위성이 필요하여 초기 투자의 어려움이 존재한다.

하지만, 초기 투자, 즉 수백, 수천 기 이상의 위성을 쏘아 올려서 우주 인터넷을 가능하게 한다면, 매우 큰 이익을 실현할 수 있을 것이다. 예로, 현재 세계 인구 중에서 인터넷을 사용하지 못하고 있는 인구의 10%(약 2.65억 명)가 우주 인터넷을 통해 인터넷을 사용할 수 있게 되고, 해당 사용자가 월 4만 원 수준의 정액 요금제를 이용한다고 한다면, 해당 서비스를 통해 매달 약 10조 6천억 원, 연간 약 127조 2천억 원

---

15) 지구 저궤도는 지상에서 약 2,000km 미만을 의미함

의 매출을 올릴 수 있을 것이다. 이는 국내 이동 통신 삼사 SKT, KT, LG U+의 2022년 매출액[16] 합계 56조 8,610억 원에 비해 약 2.2배에 해당하는 금액이다.

우주 인터넷의 활성화는 세계 주요 인구의 인터넷 접속권의 확보에 따른 기업의 매출액 발생과 같은 경제적 효과와 더불어 다양한 사회 변화를 가져올 수 있다. 우주 인터넷은 기존 인터넷을 사용하지 못했던 많은 사람들이 인터넷을 통해 세계와 소통할 수 있는 기회를 제공해 줄 것이다. 예로 아마존 밀림의 부족, 아프리카의 부족 등에게 세계와 연결될 수 있는 통로를 제공해 줄 수 있을 것이다. 이러한 통로를 통해 해당 부족 사람들은 세계의 다양한 문화 등을 접할 수 있을 것이다.

우주 인터넷이 가져올 효과는 인터넷을 사용하지 못했던 국가에 새로운 기회를 제공하는 것뿐만 아니라 기존 인터넷을 이용할 수 있던 국가에도 또 다른 활용성을 줄 수 있을 것이다. 우리는 여행을 갈 때 다른 나라로 나가게 되면 통신 및 인터넷 이용을 위해 로밍을 해야 한다. 하지만, 우주 인터넷을 통해 전 세계 어느 곳이든 하나의 서비스로 연결될 수 있다면, 국가별로 로밍을 통한 추가적인 비용 지출을 하지 않아도 될 것이다. 내가 가입한 우주 인터넷 통신 서비스는 세계 어느 곳이든 하나의 요금제로 이용할 수 있게 될 것이기 때문이다.

---

[16] 2022년 SKT 매출액 17조 3,050억 원 / KT 매출액 25조 6,500억 원 / LG U+ 매출액 13조 9,060억 원

왜? 우주개발을 해야 하는가!

또한, 사막을 여행하거나 오지를 탐험하거나 할 때도 항상 우주 인터넷을 통해 위치 추적 및 위급 시에 연락이 가능하기에 보다 안전한 여행을 할 수 있을 것이다. 예로 미국의 그랜드 캐니언에서는 매년 평균 약 12명이 사망하고, 약 300명 정도가 실종된다고 한다. 이러한 상황에서 우주 인터넷이 있었다면 실종자들의 대부분을 발견하고 구출할 수 있었을 것이다.

우주 인터넷이 가져올 사회 변화

우주 인터넷이 보편화되고, 세계 구호 단체 등에서는 우주 인터넷 보급을 디지털 사회에서 낙후된 지역 및 사람들에게 제공하는 사회 복지의 일환으로 추진하게 된다. 이러한 활동의 일환으로 한 구호 단체는 한 부족에게 인터넷을 설치해 주고, 이를 이용할 수 있는 컴퓨터를 보급하고 관련 교육을 진행해 줬다.

부족에 우주 인터넷이 서비스되고 이 부족에 살고 있는 에이미라는 아이가 인터넷을 통해 우리나라 BTS를 알게 되고 빠져들어 '아미'에 가입하게 되었다고 생각해 보자. 에이미는 BTS의 음악을 유튜브로 시청하게 되고, '아미'에서 다양한 활동을 하게 된다. 또한, 다양한 광고를 통해 BTS의 사진 및 다양한 용품들을 접하게 되고 이를 가지고 싶어 하게 될 것이다.

하지만, 에이미가 BTS와 관련된 다양한 상품을 가지기 위해서는 몇 가지 해결해야 할 문제가 있다. 먼저 BTS 관련 상품, 굿즈를 사기 위해서는 돈이 필요하다. 하지만 에이미는 도시 등 상업적 활동과는 먼 지역에 살고 있으며, 세계적으로 통용되는 화폐를 가지고 있지도 않다.

오지 부족에서 인터넷을 하는 모습

출처 : 챗GPT를 이용하여 구현한 이미지

이에 에이미는 굿즈 구입을 위해 돈이 필요함을 알게 되고, 이러한 돈을 벌기 위해 다양한 방법을 찾게 된다. 이때 에이미의 눈에 들어온 것이 본인이 즐겨 보는 유튜브이다. 에이미는 유튜브 방송을 통해 돈을 벌 수 있음을 알게 되고, 자신만의 유튜브 방송을 개설하게 된다. 에이미는 방송 채널의 이름을 '미지의 세계, 에이미와 함께'라고 결정하고, 에이미가 속해 있는 부족, 자연에서의 본인의 일상 등을 담은 방송을 시작한다. 에이미의 채널은 세계 곳곳의 도시인들에게 새로운 문화 및 힐링을 제공하여, 20만, 100만, 200만 이상의 구독자를 가지게 된다. 에이미는 '미지의 세계, 에이미와 함께'라는 채널 운영을 통해 원하던 BTS 굿즈를 살 수 있는 경제력을 확보할 수 있게 된다.

하지만 에이미가 BTS 굿즈를 구입하기 위해서는 또 다른 난관에 봉착하게 된다. 에이미가 살고 있는 곳은 국제적으로 통용되는 화폐가 존재하지 않는다. 또한, 에이미가 살고 있는 곳에는 은행이 없어 통장을 개설하여 유튜브 방송을 통해 얻는 수입을 정립할 수도 없다. 이에 에이미는 유튜브 수입을 가상 화폐로 받기로 결정한다. 이렇게 경제적 활동을 시작한 에이미는 원하는 BTS의 굿즈를 살 수 있게 된다. 하지만 또 다른 문제에 봉착하게 되는데, 구매한 물품을 배송받을 수단이 마땅치 않은 것이다. 인터넷을 통해 한국으로부터 구입한 물건을 에이미가 살고 있는 부족까지 배송받을 수 있는 수단이 없는 것이다.

이러한 아이가 하나둘 늘고 주위의 다양한 부족에서도 비슷한 요구들이 증가하게 되면, 해당 지역에 물류 배송을 위한 체계가 만들어질 수 있다. 물건의 배달을 원하는 수요자에 의해 배달업이 해당 지역에 새롭게 생겨나는 것이다. 이러한 새로운 시장은 기존의 물류업 기업들에게 또 다른 사업의 기회로 다가올 것이다. 미국 기업 '아마존'은 성층권 비행선과 드론을 이용한 세계 곳곳에 물류 수송 서비스를 할 수 있는 체계를 계획하고 있다. 이를 활용하여 기존에 접근하기 어려웠던 새로운 지역에 대한 택배 서비스가 가능해질 수 있다. 또한, 우리나라의 물류 및 배송 관련 기업들도 국내에 국한하지 않고 세계 어느 곳이든 물건을 배달할 수

왜? 우주개발을 해야 하는가!

있는 새로운 시장을 개척할 수 있는 기회를 가질 수 있을 것이다.

에이미의 친구 에이든은 에이미의 우주 인터넷을 이용한 다양한 활동 및 에이미가 원하는 BTS의 굿즈 구매 등의 상황을 옆에서 지켜보게 된다. 또한 우주 인터넷을 통한 물건 구매가 가능한 점과 이에 대한 요구가 자기 부족뿐만 아니라 주위의 다른 부족들에서도 나타나고 있는 것을 알게 된다. 이에 에이든은 에이미의 영향을 받아 자신도 경제 활동을 하기로 마음먹고 택배 배송을 시작하기로 결심한다. 하지만, 에이든이 물류 배송을 하기 위해서는 부족이 위치한 환경이 좋지 않다. 도로도 존재하지 않으며, 커다란 나무에 계곡도 많고, 걸어서 다니기에는 부족 간의 거리 및 물류 기착 지점과의 거리도 매우 떨어져 있기 때문이다.

에이든은 이러한 환경에 대응할 수 있는 방법을 인터넷을 통해 찾아보게 된다. 그리고 발견한 방법이 일명 '하늘은 나는 자동차'이다. 이를 이용한다면 도로망이 없는 해당 지역에서 배달이 가능할 것으로 보였다. 에이든은 '하늘을 나는 자동차'를 구입하여 배달을 시작하게 된다. 이러한 일들이 세계 곳곳에서 이루어질 수 있다. 이러한 사회가 도래한다면, '하늘을 나는 자동차' 시장도 도심항공교통을 넘어 더 큰 수요 창출이 가능해질 것이다.

또한, 이러한 일련의 활동들은 세계에서 분리되어 있던 해당 지역을 세계와 연결하게 되고 새로운 사회 활동 및 경제 활동을 만들어 내게 될 것이다.

성층권 드랍쉽을 이용한 택배

출처 : 챗GPT를 이용하여 구현한 이미지

유튜브 방송을 시작한 에이미의 채널은 이제 1,000만 명 이상이 구독하는 인기 채널이 되었으며, 생각하지 못한 많은 부를 확보하게 되었다. 이에 에이미는 이렇게 확보한 부를 어떻게 사용할까 고민하게 되고, 본인이 속해 있는 사회에 환원하고자 마음먹는다. 지역에 교육 시설을 만들어서 우주 인터넷을 통해 높은 수준의 다양한 교육을 제공하고, 물이 부족한 지역에는 우물을 설치해 주고, 신생아에

왜? 우주개발을 해야 하는가!

게 필요한 백신을 무료로 제공하게 된다.

　이러한 사회의 변화는 몇몇 작은 지역에서 나타날 수 있으며, 어쩌면 소수가 모여 더 큰 효과를 발휘할 수 있게 될 수도 있다. 이처럼 지역의 어려움을 세계 각국의 도움으로 일부 해결하던 일들을 지역 내의 경제 활동을 통해 스스로 해결할 수 있게 될 수 있다. 또한 이러한 지역에 지원하던 세계의 구호는 다른 곳에 또는 부족한 지역에 더욱 많이 지원할 수 있어 세계의 낙후된 지역의 개선을 이루고 어려운 사람들을 도울 수 있는 환경이 변화될 수 있을 것이다.

에너지 문제에 대한 대응 방법을 찾다

　우주 인터넷 활성화를 통해 세계 대부분의 사람들이 인터넷을 사용하고, 이를 기반으로 다양한 사회 활동 및 변화, 발전이 이루어진다면, 에너지 부족 문제가 발생할 수 있다. 인터넷을 사용하기 위한 컴퓨터, 태블릿 등 전자 기기 사용에 필요한 전기가 필요하고, 다양한 가전 제품 사용을 위한 전기도 필요하게 된다. 마을과 마을, 지역과 지역을 이동하기 위해 이제는 전기 자전거, 전기 자동차 및 전기 AAM[17] 등의 사용도 전 세계적으로 증가하게 될 것이다. 지금도 일부 선진국에서조차 에너지 부족 문제가 있는 상황인데, 저개발국가들이 발전하여 다양한 분야에서 전기 에너지를 사용하기 시작한다면, 새로운 에너지 부족 문제가 지구 곳곳에서 발생할 수 있을 것이다.

---

17)　미래항공교통(AAM, Advanced Air Mobility)이란 항공교통 시장에서 새롭게 부상하고 있는 용어이다. 미 항공우주국(NASA)은 AAM을 "항공 서비스가 부족하거나 항공 서비스를 받지 못하는 장소에서 사람과 화물을 이동하는 항공 운송 시스템"이라고 정의한다. AAM은 도심항공교통(UAM, Urban Air Mobility)과 지역 간 항공교통(RAM, Regional Air Mobility)으로 구분할 수 있다.

이처럼 새롭게 활성화되는 사회의 많은 지역에서는 전기 확보에 어려움을 겪을 수 있을 것이다. 현재 화석 발전, 원자력발전, 풍력발전 및 태양광 발전 등을 통해 생산하는 전기 에너지의 확보가 낙후된 지역에서는 쉽지 않을 수 있기 때문이다.

이러한 에너지 부족 문제를 우주에서 해결할 수 있다.

가장 크게 주목받고 있는 방법이 우주 태양광이다. 우주 태양광이란 주택 등에 설치되어 있는 태양광 패널을 우주에 설치하여 전기 에너지를 확보하는 것으로 이해하면 된다. 우주 태양광 발전은 지구에서 이뤄지는 발전보다 훨씬 높은 효율을 보일 수 있다. 낮과 밤이 있고 구름이 태양을 가리는 지구 표면과 달리 우주 공간은 태양광발전 효율을 극대화할 수 있는 조건을 갖추고 있기 때문이다. 또한 대기가 없는 우주에선 온전한 태양 에너지를 얻을 수 있어 지상과 동일한 태양광발전 설비를 사용했을 때 같은 시간 동안 우주에서 지구보다 8배 많은 전력을 얻을 수 있다고 미국의 칼텍 연구진은 말하고 있다.[18]

하지만 우주 태양광을 구현하기 위해서는 많은 어려움이 남아 있다. 먼저 우주 태양광은 거대한 우주 구조물로 현재의 국제우주정거장과 같은 규모로 건설이 추진되어야 한다. 이러한 경우 우주에 대규모 구

---

18) https://m.dongascience.com/news.php?idx=60239 (우주 태양광 발전 현실화?...지구 전송 실험 성공에 실제 투자도, 동아사이언스, 2023.06.19.)

조물을 건설하기 위해 해당 구조물의 제조 및 이를 우주에 발사하는 발사 비용이 많이 들기 때문에 경제성 확보에서 어려움이 있을 수 있다. 또한 우주에서 모은 전기 에너지를 지상으로 전송하기 위해서는 '마이크로파 전력 전송', '레이저 전력 전송' 등과 같은 기술이 필요하다. 하지만 아직까지 수백 km 이상의 거리에서 대규모 전력 전송이 가능한 기술은 확보되어 있지 못한 상황이다. 그리고 이러한 대규모 전력 전송의 경우 환경 문제 및 인체에 미치는 영향 등도 함께 고려되어야 하는 등의 안전성 확보에 대한 문제도 남아 있는 상황이다.

하지만, 일류의 지속적인 발전을 위해서는 새로운 기술의 확보가 필요하고, 이를 기반으로 다양한 문제를 극복해 나가야 한다. 우주 태양광은 인류가 발전하기 위해 마주하게 되는 에너지 문제를 해결할 수 있는 중요한 방법 중에 하나로 보인다.

먼 미래에 우주 태양광이 성공적으로 안착되고 우주에서 안정적으로 전력 전송이 가능해지면, 사회는 또 한 번 변화를 맞이할 수 있을 것이다. 전기 자동차들은 별도로 충전을 위해 충전소에 들리지 않고, 일정 구역에서 우주로부터 전력을 전송받아 충전하는 사회가 올 수도 있기 때문이다.

미래에는 AAM을 타고 사막 또는 태평양 또는 오지를 여행하다, 길을 잃고 헤맬 상황에 마주하게 되면, 우주 인터넷을 사용할 수 있는 휴대폰을 이용하여 위치를 확인하고 도움을 요청할 수 있을 것이다. 또한, 이동 수단의 배터리를 충전하지 못해 움직일 수 없을 때, 우주 전력소에서 전기 에너지를 구입하여 바로 우주로부터 공급받아 사용할 수 있는 시대가 올 수도 있다.

우주 태양광 발전

출처 : 챗GPT를 이용하여 구현한 이미지

앞에서 이야기했듯 우주 태양광 발전은 여러 가지 극복해야 할 기술적 허들이 있으므로 가까운 미래에 구현하기 어려울 것으로 보인다. 그럼 우주에서 에너지를 얻을 방법은 없는 것인가? 또 다른 방법으로는 우주에서 전기를 충전해서 이용하는 '우주 충전 시스템'을 생각해 볼 수 있다.

우주 충전 시스템이란 우주에 우주 태양광 위성(우주 태양광 발전을 위한 발전소 크기보다는 작은 규모)을 설치해 놓고, 이 위성을 통해 대량의 배터리를 충전시킨 다음, 충전된 배터리를 지상으로 가지고 와서 이용하는 방법이다. 이러한 방법을 이용하면 우주에서 지구로의 전력 전송 기술이 없어도 우주에서 확보한 에너지를 지구에서 사용할 수 있을 것이다.

그럼 이러한 방법의 가능성에 대해 이야기해 보자.

첫 번째는 어느 정도 크기의 배터리가 있어야 실용성이 있는가 하는 점이다. 니켈이 80% 함유된 NCM822 배터리 기준 에너지 밀도는 1kg 당 약 240Wh로 알려져 있다.[19] 또한, 우리나라의 1인당 연간 전력 소비량은 약 10,800kWh로 분석된다.[20] 이를 하루당으로 계산해 보면 약 29,589Wh이며, 이는 앞에서 설명한 NCM822 배터리 기준으로 약

---

19) https://m.ddaily.co.kr/page/view/2023042923025667100 (전기차 대세는 어디로? '구세대' LFP 배터리의 반격, 디지털데일리, 2023.04.30.)

20) https://tips.energy.or.kr/statistics/statistics_view0906.do

왜? 우주개발을 해야 하는가!

123kg이 필요함을 의미한다. 30만 명의 인구가 있는 도시를 가정하면, 1일 사용에 필요한 전기 에너지 확보를 위해서는 36,900,000kg의 배터리가 필요하다고 볼 수 있다. 테슬라 모델 S의 리튬이온 배터리 팩의 무게가 약 500kg으로 알려져 있으니, 이러한 배터리 팩이 약 7만 3,800 개가 필요하다고 볼 수 있다.

우주 충전 시스템

출처 : 챗GPT를 이용하여 구현한 이미지

두 번째는 이러한 무게의 배터리를 우주로 보내는 비용의 문제이다. 스페이스 엑스의 팰콘 헤비(Falcon Heavy) 발사체의 경우 지구 저궤도까지 약 63.8톤을 수송할 수 있으며, 비용은 약 1억 5천만 달러이다. 이 발사체를 이용하여 필요한 배터리를 발사하고 다시 가져온다고 한다면, 하루에 해당 발사체의 발사가 약 578회 이루어져야 한다. 이는 현실적으로 불가능한 숫자이다.

하지만, 앞으로 실현 가능성이 없는 것은 아니다. 먼저 배터리의 경우 전고체 배터리의 개발을 통해 기존 대비 두 배[21]이상의 효율이 발생하여, 필요한 배터리의 무게를 반 이상으로 줄일 수 있을 것이다. 또한 스페이스 엑스의 스타십이라는 발사체가 개발 완료된다면, 1회 발사로 지구 저궤도에 100톤 이상을 수송할 수 있으며, 비용도 1회에 1,000만 달러 수준까지 낮출 수 있다고 한다. 이렇게 되면 하루에 약 184회의 발사를 통해 필요한 전기 에너지를 공급받을 수 있을 것으로 보인다. 하지만, 아직도 이러한 형태의 전기 에너지 확보는 효율성이 낮다고 보인다. 인구가 10만 명인 도시를 기준으로 봐도, 매일 약 61회의 발사가 필요하기 때문이다.

하지만, 이러한 충전 방법은 수십만 명이 사는 도시가 아닌, 전기가 필요한 오지나 특수한 지역 등(예로, 사막, 태평양 한가운데 등등)에서 필요한 전기를 확보하는 방법으로 활용될 수 있다. 또한 역설적으로

---

21) https://inside.lgensol.com/2022/02/

이러한 시장 개척을 통해 발사 서비스 시장도 빠르게 확대될 수 있을 것이며, 이는 발사 비용을 현저히 낮추는 계기가 될 수 있다. 하루 수천 번의 비행기가 운항하며 항공 운송 서비스가 이루어지고 있는 것처럼, 미래에는 하루에 수천 번의 우주 발사체가 다양한 수송 임무를 수행하는 시대가 올 수 있다. 이를 통해 우리는 지금의 항공기 비용과 비슷하거나 조금 비싼 수준에서 발사체의 발사 서비스를 이용할 수 있는 시대가 올 수 있을 것이다.

이러한 시대가 구현된다면, 우리의 사회는 매우 다른 모습을 보일 것이다. 먼저, 지구 어디든 우주를 통한 전기 에너지 공급이 가능해지고, 필요한 양의 전기 에너지를 확보할 수 있으며, 화석 연료 및 원자력 연료 사용에 따른 환경 오염 및 안전성 문제에서 벗어날 수 있기 때문이다.

세계를 일일 생활권으로 만들다

    우주개발의 가능 큰 장애물을 꼽자면, 우주로 나가기 위한 발사 비용일 것이다. 앞에서 언급한 우주 인터넷을 위한 수천 기 이상의 위성을 발사하기 위해서는 많은 발사 비용이 필요하며, 우주 태양광 및 우주 충전 시스템 등의 새로운 구조물을 우주에 구축하기 위해서도 매우 큰 발사 비용이 필요하기 때문이다.

    하지만 최근 스페이스 엑스의 재사용 발사체 도입을 시점으로 과거 대비 발사 비용이 낮아지고 있는 상황이다. 1980년대 NASA의 스페이스 셔틀의 경우 1kg을 우주로 보내는 데 약 8만 5,216달러가 필요했지만, 2020년대 들어 스페이스 엑스의 팰콘 헤비 발사체의 경우 1kg을 우주로 보내는 데 약 951달러가 필요한 것으로 나타났다. 이는 약 40년 만에 발사 비용이 1/90로 줄어든 것으로, 우주개발을 수행하고 있는 국가 등에 시사하는 바가 크다.

왜? 우주개발을 해야 하는가!

미국 NASA는 2040년대에는 1kg의 무게를 우주로 보내는 데 필요한 발사 비용을 수십 달러 수준으로 낮추는 것을 목표로 하고 있다. 이는 현재 비용 대비 수십 분의 일 수준으로 낮아진다는 것을 의미한다.[22]

이러한 NASA의 목표가 달성될 가능성을 보여 주고 있는 것이, 스페이스 엑스에서 개발하고 있는 스타십 발사체이다. 스타십 발사체는 지구 저궤도에 100톤 이상의 무게를 수송할 수 있는 발사체로 2단으로 구성되어 있으며, 1, 2단 모두 재사용이 가능하다. 스타십의 경우 발사 비용을 현재 기준으로 1회 발사당 약 1억 달러로 책정될 것으로 예상된다. 하지만 첫 서비스 이후 발사 횟수가 증가하면, 재사용에 의해 수년 내에 1회 발사 비용이 약 천만 달러 수준으로 낮출 수 있을 것으로 내다보고 있다.[23] 스타십이 목표한 대로 서비스가 시작된다면, 1kg의 무게를 우주로 보내는 데 약 100달러 수준이 될 수 있을 것이다.

스페이스 엑스는 스타십을 통해 우주로 위성 등의 우주 물체를 보내는 서비스만을 계획하고 있지는 않다. 스타십을 통해 사람을 수송할 수 있는 서비스도 계획하고 있다. 특히, 지금의 항공기를 이용한 장거리 비행을 대체하는 수단으로서 스타십을 운용할 계획이다.

기존 항공기를 이용해서 우리나라 인천 공항에서 미국 뉴욕 및 영국

---

22) https://futuretimeline.net/data-trends/6.htm
23) https://en.as.com/latest_news/how-much-money-does-elon-musks-spacex-starship-program-cost-n/

의 런던 등을 가려면 10시~14시간이 소요된다. 하지만, 스타십을 이용한다면 세계 어느 곳이든 1시간 이내에 이동할 수 있다. 이는 정말로 세계가 1일 생활권으로 변화할 수 있는 기반이 될 것이다. 뉴욕에서의 오전 회의를 위해 당일 아침 우리나라에서 출발할 수 있으며, 이후 늦은 오후 영국 런던에서 열리는 컨퍼런스에 참석할 수 있고, 일정을 마치고 다시 집으로 돌아와 편안하게 잠을 청할 수 있는 시대가 올 수 있다.

이러한 스페이스 엑스의 스타십 발사체가 성공적으로 개발되어 운용된다면 우주 수송 분야에서 많은 변화가 있을 것으로 예측된다. 이 시점이 되면, 전통적인 발사 시장의 개념에서 우주 수송의 개념으로서의 경제적 규모를 이야기할 수 있을 것이다. 미래 우주 수송 산업을 현재의 항공 운송 산업을 기반으로 예측해 볼 수 있다.

우주 수송과의 비교를 위해 항공 운송 분야 중에서 자국의 국내선 분야가 아닌 국제선 구분에 대한 시장을 분석해 보자. 국토교통부 및 한국항공협회의 항공시장동향 보고서[24] 내용 중에서 2019년 국제선의 프리미엄 여객 실적을 보면 약 91,501,000명으로 나타났다. 여기서 프리미엄 여객이란 비즈니스 클래스 및 퍼스트 클래스 좌석을 말한다. 또한, 2019년 화물 운송 실적을 보면 국제선 화물의 경우 220,727,466 톤·킬로미터로 나타났다.

---

24) S. D. KIM, AVIATION MARKET TREND & ANALYSIS, MOLIT, 2021.

발사체를 이용한 대륙 간 이동 모습

출처 : 챗GPT를 이용하여 구현한 이미지

앞에서 언급한 것 같이 NASA는 2040년경 발사 비용을 1kg당 수십 달러로 예측하고 있다. 이에 1kg당 발사 비용을 50달러~30달러로 가정하여 시장 규모를 예측해 보자. 그리고, 앞에서 언급한 항공 운송 시장 중에서 국제선 프리미엄 여객 시장의 10% 또는 30%를 우주 수송이 가져올 수 있다고 전제하였을 때, 우주 수송의 경제 규모를 전망해 보

자. 이때, 1명의 평균 무게는 개인 화물을 포함하여 100kg으로 가정하였다. 여객의 경우 인천에서 미국 LA까지 편도로 비즈니스클래스석 ~ 퍼스트클래스석은 대한항공 기준으로 약 3백50만 원~6백만 원 사이로, 우주 수송이 50달러 ~ 30달러(100kg) 기준으로 했을 때의 비용 3백60만 원 ~ 6백만 원(1달러 = 1,200원 기준)과 비슷한 수준으로 비교 가능하다고 가정하였다. 앞에서 가정한 기준으로 전망한 미래 우주 수송의 여객 분야 연간 시장 규모를 전망해 보면, 항공 프리미엄 시장의 10%를 점유했을 때 kg당 비용이 50달러일 때는 약 457억 달러, kg당 비용이 30달러일 때는 약 274억 달러로 나타났다. 또한, 30%를 점유했을 때 kg당 비용이 50달러일 때는 약 1,372억 달러, kg당 비용이 30달러일 때는 약 823억 달러로 나타났다. 이는 2019년 위성 등을 우주로 보내는 세계 발사 서비스 시장 규모가 약 49억 달러인 것과 비교해 최소 약 5.6배에서 최대 28배 이상 확대될 수 있음을 보여 주는 전망치이다.

〈 발사체를 이용한 유인 수송 시장 규모 예측 〉

	매출액 예상(달러)	
	항공 프리미엄 시장의 10% 점유	항공 프리미엄 시장의 30% 점유
1kg당 발사 비용이 50달러일 때	$ 45,750,500,000	$ 137,251,500,000
1kg당 발사 비용이 30달러일 때	$ 27,450,300,000	$ 82,350,900,000

왜? 우주개발을 해야 하는가!

앞에서 전망한 것과 같이 우주 수송의 가치는 현재와 비교하여 매우 큰 것을 알 수 있다. 더욱이 화물 수송까지 확장된다면 그 가치는 현재 예측된 규모보다 몇 배 이상 확대될 수 있을 것이다. 하지만 이러한 시장을 달성하기 위해서는 먼저 앞에서 가정한 kg당 수십 달러 수준 또는 그 이하의 발사 비용을 이뤄야 할 것이다. 또한, 여객 운송을 위해서는 현재의 항공기 수준의 안전성 확보도 필요한 항목이라고 할 수 있다.

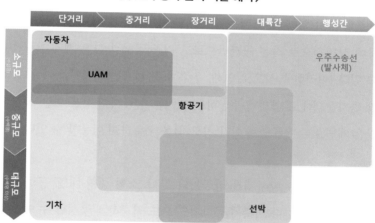

〈주요 수송 수단의 역할 예측〉

앞에서 설명한 것처럼, 발사체가 위성을 우주로 보내는 역할을 넘어서, 사람과 물자를 수송할 수 있는 영역까지 확장되어 진정한 수송 수단으로서 자리 잡게 된다면, 인류의 이동 영역과 이동 규모 측면에서 새로운 변화가 생겨날 것이다. 우주 수송은 영역 측면에서는 '대륙 간 이동 및 행성 간 이동', 규모 측면에서는 '소규모에서 중규모'에 해당하는 부분을 담당할 수 있을 것으로 보인다.

발사체를 이용한 우주 수송 체계의 구축은 비단 대륙 간 수송의 획기적인 변화뿐만 아니라 공간적 제약에서도 일정 부분 자유롭게 될 것이다. 공간적 제약이라 함은, 보통 항공기를 이용한 수송에서는 항공기의 이착륙을 위해 수 킬로미터의 활주로가 필요하며, 이의 건설도 많은 어려움이 따른다. 반면에 발사체를 이용한 수송의 경우, 긴 거리의 활주로가 필요 없다. 발사체는 수직으로 이륙하고 수직으로 착륙하기 때문에 상대적으로 작은 공간만으로도 기존 공항과 같은 체계를 구축할 수 있다. 이러한 특성으로 인해, 우주 수송 체계는 태평양 한가운데, 사막 한가운데에도 쉽게 우주공항(여기서는 항공기 운항을 위한 '공항'과 같은 개념으로 '우주공항'이라 칭하자)을 구축하여 이용할 수 있다.

이러한 재사용 발사체가 항공기와 같이 '소형-중형-대형' 등의 다양한 형태로 존재한다면, 우주공항의 규모도 적정하게 구성할 수 있을 것이며, 발사 비용 측면에서도 다양한 비용체계가 만들어질 것이다. 이렇게 된다면, 앞에서 언급하였던 우주 인터넷을 통해 발전하게 될 저개발국가, 오지 등의 물류 시장에 대한 대응이 가능할 것이다. 또한 세계 곳곳으로부터의 물류 수송을 필요한 규모에 맞추어 '소-중-대' 등 다양한 발사체를 통해 수행할 수 있을 것이다. 예로, 아마존 또는 아프리

왜? 우주개발을 해야 하는가!

카의 공터를 활용하여 작은 우주공항을 만들고, 우주 수송을 통해 물자를 확보하며, 우주공항에서 작은 부족, 마을에 물품을 배달하기 위해서 '하늘을 나는 자동차'를 이용하는 시대가 머지않아 올 수 있다.

우주 수송과 에너지 문제 극복

오늘은 알리의 첫 출근 날이다. 어렵게 '사하라 에너지' 회사에 취업하여 주위의 부러움을 사고 있다. '사하라 에너지'는 아프리카에서 처음으로 글로벌 기업으로 성장한 회사로, 주로 사하라 사막에서 전기를 생산하여 전 세계에 수출하고 있다. 사하라 사막에 접해 있는 국가들이 연합하여 설립한 회사로 최근 아프리카 발전에 큰 기여를 하고 있다.

이 기업은 사하라 사막에 거대한 태양광 패널을 설치하여 전기를 생산하고 있다. 이렇게 생산된 전기는 대용량의 배터리에 저장되어 세계 곳곳으로 수출되는데, 충전된 배터리의 수송은 수직 이착륙이 가능한 발사체를 이용하고 있다. 저 비용의 재사용 발사체를 이용할 수 없었다면, 사하라 사막에서의 전기 생산 및 판매는 실행되지 못했을 것 같다.

세계는 사하라 지역에서 생산되는 청정 전기 에너지를 사용하게 되면서 석유 소비를 줄이고 있다. 불모지였던 사막이 이제는 황금알을 낳는 지역으로 부상하고 있으며, 이를 기반으로 낙후되었던 아프리카 국가들의 경제가 성장하고 있다. 예전 석유 수출국들처럼 이제는 사하라 지역 국가들이 에너지 생산을 통한 이익을 얻고 있다.

아프리카 지역은 '세계에서 가장 젊은 대륙'으로, 에너지 수출을 계기로 빠르게 발전하며 성장하고 있다. 알리도 이러한 사회 발전의 영향으로 국비 장학생으로 대학을 졸업하고 해당 기업에 취업하게 되었다.

아프리카의 젊은 세대들은 기존 세대가 누리지 못했던 경제적 혜택을 누리고 있으며, 이러한 세대의 활동은 세계에 역동성을 가져다주고 있다.

아프리카 지역의 경제가 성장하고 새로운 일자리가 늘어나, 안정된 생활이 가능해지면서, 아프리카 지역의 정치적 불안정, 인프라 부족, 교육 및 보건 접근성 제한 등의 사회 문제가 극복되어 가고 있다.

사하라 사막에서의 전기 생산

출처 : 챗GPT를 이용하여 구현한 이미지

지구에서 태양계로, 인류의 활동 영역을 확장시키다

인류의 역사는 탐험의 역사라고 한다. 이는 인간이 새로운 땅과 바다를 탐험하며 자신의 지식과 영향력을 확장해 온 역사를 의미한다.

이러한 인류의 탐험은 고대 탐험부터 이야기할 수 있다. 고대 이집트인과 메소포타미아인들은 나일강과 티그리스-유프라테스 강 유역을 탐험하며 농업과 무역을 발전시켰다. 페니키아인들은 지중해를 탐험하며 상업을 통해 번성했으며, 그들은 지중해 연안에 여러 식민지를 건설했다. 알렉산더 대왕은 기원전 4세기에 동쪽으로 페르시아, 인도까지 원정하여 서양과 동양의 문화를 교류시키는 업적을 남기기도 했다.

두 번째 인류의 탐험 역사는 중세 탐험이다. 바이킹은 8세기부터 11세기까지 북유럽에서 출발하여 아이슬란드, 그린란드, 북아메리카까지 탐험했다. 이들은 현재의 캐나다 동부 지역에 정착지를 세웠다. 중국 명나라 시대의 정화는 15세기 초에 대규모 함대를 이끌고 동남아시

왜? 우주개발을 해야 하는가!

아, 인도, 아프리카 동해안까지 탐험하기도 했다.

세 번째는 우리가 잘 알고 있는 대항해 시대이다. 1492년에 콜럼버스는 스페인의 지원을 받아 대서양을 횡단하여 아메리카 대륙을 발견했다. 1498년에 바스코 다 가마는 인도로 가는 해상 항로를 발견하여 유럽과 아시아 간의 무역을 활성화 시켰다. 마젤란의 세계 일주도 중요한 탐험의 이정표이다. 1519년부터 1522년까지 페르디난드 마젤란이 이끈 원정대는 처음으로 세계 일주를 성공적으로 마쳤다.

네 번째는 근대 탐험이다. 19세기와 20세기 초에는 북극과 남극 탐험이 활발히 이루어졌다. 로알 아문센은 1911년에 남극점에 도달했고, 로버트 피어리는 1909년에 북극점에 도달했다고 주장했다. 19세기에는 유럽의 탐험가들이 아프리카 내륙을 탐험하며 지도에 없는 지역을 개척했다. 데이비드 리빙스턴과 헨리 모턴 스탠리가 대표적이다.

그리고 현대의 탐험은 심해와 우주를 이야기할 수 있다. 최근 심해 탐험이 활발히 진행되고 있는데, 심해 잠수정과 원격 조종 로봇을 통해 인간이 접근하기 어려운 해저를 탐사하고 있다. 그리고 인류의 가장 큰 도전이 최근에 펼쳐지고 있다. 이는 우주 탐험이다. 20세기 중반부터 시작된 우주 탐험은 인류의 새로운 도전이 되었다. 1969년에는 닐 암스트롱이 아폴로 11호를 타고 달에 착륙하며, 인류의 우주에 대한 도전이 시작되었다.

이처럼 인류는 끊임없이 미지의 세계를 탐험하며 지식과 기술을 확장해 왔다. 이러한 탐험은 과학, 문화, 경제 발전에 큰 기여를 했으며, 오늘날에도 계속되고 있다.

달 기지 상상도

출처 : 챗GPT를 이용하여 구현한 이미지

왜? 우주개발을 해야 하는가!

앞에서 살펴본 것처럼 지금까지 인류는 지구 내에서 다양한 대륙으로의 이동을 통해 새로운 활동 영역을 만들어 왔다. 또한, 아폴로 프로젝트 및 국제우주정거장을 통해 지구 궤도 및 근지구 영역인 달까지도 인류의 발자국을 남겼다. 그러나 아폴로 프로젝트를 통한 인류의 달 탐험은 지속되지 못했으며, 우주정거장을 통한 인류의 확장도 최소한의 활동에 그치고 있다.

하지만, 인류의 우주로의 활동 영역 확장은 최근 다시 주목받고 있다. 미국이 아폴로 프로젝트 이후, 다시 달에 사람을 보내기 위한 계획을 추진하고 있기 때문이다. 미국은 아르테미스 프로그램을 통해 달에 사람이 지속적으로 활동할 수 있는 기지 구축을 계획하고 있으며, 장기적으로는 화성에 사람을 보내는 것을 목표로 하고 있다.

또한, 스페이스 엑스의 일론 머스크는 화성에 식민지를 건설하겠단 포부를 밝히고 있다. 화성에 100만 명을 이주시켜 도시를 건설하겠다는 계획이다. 일론 머스크는 "우리가 다행성종이 되고 태양계를 벗어나지 않으면, 지구상의 모든 생명의 소멸은 확실해진다. 5억 년밖에 남지 않았다."라며 화성 이주의 필요성을 이야기하고 있다. 이를 위해 앞에서 언급하였던 스타십 발사체를 사용할 계획이며, 개발이 완료되면 매년 100기의 스타십을 발사하여 10년에 걸쳐 100만 명을 이주시킨다는 계획이다.[25]

---

25) 우리뉴스, '[알쓸미잡]일론머스트의 상상...2050년 와성에 100만 이주계획' 기사(2024.3.14.) 내용 참조

화성 이주 도시 상상도

출처 : 챗GPT를 이용하여 구현한 이미지

이처럼 인류는 지구를 벗어난 태양계 영역까지 활동 영역을 확장해 가고 있다. 하지만, 이러한 활동의 결과로 일반 국민이 달에 가거나, 화성에 갈 수 있는 상황은 단시간 내에 나타나지 않을지 모른다. 다만, 일반 국민이 지구 궤도에서 우주 공간에 대한 체험을 할 수 있는 우주 관광 시대는 이미 우리 눈앞에 펼쳐져 있다.

최근 시작된 우주 관광은 일반적으로 지상 100km 전후의 고도에서 몇 분의 무중력 체험 및 지구를 내려다보는 서비스를 이야기한다. 하지만 앞으로 유인 우주 시스템이 안정화 되고 비용이 낮아진다면, 우리가 해외여행을 가듯이 우주여행을 가게 되는 시대가 될 것이다. 이러한 시기가 된다면, 일 년에 몇 번씩 해외여행을 가듯 우주여행을 가는 상품이 나타날 것이며 이를 통한 다양한 사회 변화가 나타날 것이다.

먼저, 지구 궤도에 대한 우주여행 상품을 살펴보자. 지구 궤도상이라 하면 현재 국제 우주정거장이 운용되고 있는 고도 약 400km 근방 또는 그 아래가 될 것이다. 이러한 상품에서는 몇 분간 우주 공간을 체험할 수 있는 상품과, 지구 궤도를 몇 바퀴 돌고 귀환하는 상품이 있을 수 있다. 이러한 여행 상품을 서비스하기 위해서는 지상에 우주공항 등과 같은 시설이 필요하며, 이를 기반으로 다양한 새로운 직업들이 만들어질 수 있다. 우리가 알고 있는 미국의 관광 도시인 라스베이거스에서 그랜드 캐니언 당일 방문 관광 상품이 있는데, 이제는 당일 우주 관광 상품이 나타날 것이다.

지구 궤도 관광 상품이 만들어지고 활성화된다면, 세계의 주요 숙박업 기업들은 우주에 리조트를 만들 수 있을 것이다. 우주 관광을 일회성이 아닌 며칠 이상을 머물 수 있는 상품으로 만들 수 있는 것이다. 이렇게 우주 공간에 우주 호텔 및 리조트 등이 들어선다면, 우주 관광객은 우주 호텔에서 머물면서 다양한 서비스를 받게 될 것이다. 쇼핑, 공

연 등 우주에서의 다양한 문화 상품이 개발되고 이와 관련된 직업들이
나타나게 되는 것이다.

지구 궤도 우주 호텔

출처 : 챗GPT를 이용하여 구현한 이미지

왜? 우주개발을 해야 하는가!

이러한 사회가 된다면, 사람들이 가 보고 싶은 '위시 리스트'의 제일 꼭대기에 우주 호텔이 등장할 수 있다. 또한 우주 비행사, 우주 승무원 등이 젊은 세대가 가장 가지고 싶은 직업군으로 자리 잡을 수도 있을 것이다. 이는 비행사 및 기내 승무원이 선호 직업 순위에 올랐을 때를 생각하면 이해하기 쉬울 것이다.

우주 호텔 등이 등장하여 운용되기 시작되면, 사람들이 대륙 간 이동(여기서 대륙 간 이동은 우주 발사체를 이용하게 된다.) 중에 중간 기착지로 우주 호텔에 머물 수도 있을 것이다. 한국에서 멕시코 칸쿤으로 신혼여행을 가기 위해서는 현재 거의 24시간의 이동 시간이 필요하다. 하지만 우주 수송을 통해 미국에 한 시간 만에 이동하고 미국에서 칸쿤으로 몇 시간 만에 비행기로 이동할 수 있게 된다면, 한국에서 미국으로 바로 우주 수송을 이용하는 것이 아니라, 한국에서 우주 호텔에서 하루 묵고 다음 날 칸쿤으로 가는 일정을 짤 수도 있을 것이다. 이러한 사회가 된다면 인류의 여행 문화는 새로운 전기를 맞이하게 될 것이다.

우주 관광은 지구 저궤도에만 멈춰 있지 않을 것이다. 지구 주변 달까지의 여행도 가능하게 될 것이다. 현재 배를 이용하여 수십 일에서 몇 개월간의 크루즈 여행이 있는 것처럼, 미래에는 지구에서 달을 거쳐 돌아오는 '지구-달 크루즈 여행'이 나타날 수 있을 것이다. 지구 궤도 호텔에서 우주 크루즈 선을 타고 며칠간의 우주 공간을 항행하고 달을 살펴보고 달에서의 지구를 감상하고 돌아오는 크루즈 여행은 많은 사람들의 로망이 되지 않을까 싶다.

　이러한 우주여행들이 일상화되고, 발전하게 된다면, 화성까지 우리의 활동을 확장해 나갈 수 있을 것이다. 지구에서 수 개월의 항행을 통해 화성에 도착하여 화성에 건설된 도시에 머물며 다양한 관광을 체험할 수 있을 것이다. 또한, 사람들은 화성에 관광을 위해서만 발을 내딛지는 않을 것이다. 과거 신대륙을 발견하고 사람이 이주하였듯, 넓은 미국 땅을 일구기 위한 골드러시가 이루어졌듯, 화성으로 일류의 이주도 활발해질 것이다.

　화성으로 이주하는 사람들은 화성에서의 새로운 자원을 확보하기 위해 고용된 사람들이 될 것이다. 화성의 다양한 자원을 채취하고 화성에 사람이 거주할 수 있는 공간을 만들기 위해서는 많은 사람들이 이러한 일들을 수행해야 할 것이기 때문이다.

　화성으로 가기 위해서는 몇 개월의 장기 항행이 필요하다. 이에 화성과 지구 사이 사이에 많은 휴게소가 만들어질 수 있다. 하루에도 수십~수백 기의 우주선들이 휴게소에 들려 수백~수천 명의 사람들이 이러한 시설을 이용하게 된다면, 아마 국내 휴게소 기업들의 새로운 비즈니스 모델이 되지 않을까 생각한다. 우주 휴게소에서 먹는 소떡소떡을 생각해 보자 그 맛이 어떨지 상상이 안 간다.

　　　　　　　　왜? 우주개발을 해야 하는가!

지구와 화성 사이를 이동하는 사람들이 많아진다면, 지구와 화성과의 무역 시대가 도래할 것이다. 이제는 국가 간의 무역을 넘어 행성 간의 무역 시대로, 기존에는 생각하지도 못했던 규모의 무역 시대가 도래하는 것이다. 또한, 이러한 무역은 기존 지구상에서 이루어졌던 모든 경제 활동, 문화 활동 등이 이제는 화성 및 화성과 지구 사이에서 일어남을 의미한다. 이는 지구의 경제 규모를 확장하게 하고 인류의 문명이 지속, 발전하게 하는 기폭제가 될 것이다. 세계 경제가 지속해서 성장해야 인류의 발전 및 안정적 사회 운영이 가능하기 때문이다.

우주는 새로운 삶의 터전

2100년 4월 15일(목), 오늘의 메모

    인류가 화성에 기지를 건설하고, 사람들이 이주한 지도 10년이 지났다. 나는 이러한 모습을 보면서, 미래에 지구와 화성을 운행하는 우주선의 선장이 되는 꿈을 꾸었다. 지금은 아쉽게도 그 꿈을 이루지 못했지만 우주에서의 또 다른 꿈을 찾고 있다.

    로봇과 AI가 발전하면서 기존의 많은 직업들이 사라졌다. 이로 인해 젊은 사람들은 예전처럼 다양한 영역에서의 역동적인 직업을 찾기가 어려워졌다. 하지만, 인류가 우주로 자유롭게 나가게 되면서 또 다른 기회들이 찾아왔다.

    화성 기지 건설 이후, 지금은 매일 수천 명 이상의 사람들이 지구와 화성을 오가고 있다. 또한 이 숫자는 몇 년 안에 몇 배로 증가될 것으로 예측되고 있는 상황이다. 이러한 변화에 발맞추어 국내 기업에서 지구와 화성 사이에 '우주 복합 단지'를 세계 최초로 구축하고 있다. 이 복합 단지에는 호텔 및 상업 시설이 들어설 예정이며, 일부 상업 시설에 대해서는 일반 분양을 추진하고 있다.

나는 친구와 함께 이 상업 시설에서 작은 가게 하나를 분양받을 계획이다. 가게에서는 지구와 화성을 오가는 사람들에게 다양한 한국 음식을 제공할 생각이다. 나는 이 가게를 잘 운영하여 나중에는 나만의 '우주 레스토랑'을 가질 장기 목표를 설정하였다. 나와 같은 세대들은 이제 지구를 벗어나 우주에서 다양한 기회를 찾고자 하고 있다. 언젠가는 내 가게가 '우주 100년 가게 1호점'이 되기를 희망하며, 오늘은 유튜브를 통해 과거 한국 고속도로 휴게소에서 판매하던 먹거리들을 살펴봐야겠다.

우주 휴게소

출처 : 챗GPT를 이용하여 구현한 이미지

혁신적 제조 및 물류 시스템의 변화를 가져오다

사람이 우주에 접근하는 것이 용이해지고, 우주에 접근하는 비용, 즉 발사 비용이 매우 낮아진다면, 우주에 공장 등을 짓고 우리가 필요한 물건을 만들 수 있을 것이다. 이러한 시대가 되면 우리는 우주에 '공장'을 갖게 될 것이다. '우주 공장'이라는 용어는 일반적으로 우주에서 자원을 채취하거나 가공하여 다양한 제품을 생산하는 시설을 가리킨다. 이 개념은 과학 소설, 과학 영화, 혹은 미래 기술에 관련된 이야기에서 종종 등장하는 표현 중 하나며, 현재로서는 실제로 우주 공장이 구축되어 운영되고 있는 것은 아니지만, 미래에는 우주 자원을 활용하여 우주 공간에서의 산업 생산이 이루어질 수 있을 것으로 기대된다.

우주 공장의 장점은 무중력(또는 미소중력)을 이용할 수 있다는 것이다. 무중력 상태에서는 제품 등에 대한 새로운 설계가 가능할 것이다. 중력이 없는 환경에서는 물체의 안정성에 대한 제약이 적어지기 때문에 기존에는 어려웠던 형태나 구조의 제품을 설계하고 생산할 수

왜? 우주개발을 해야 하는가!

있을 것이다. 또한, 중력이 없는 상태에서는 물질이 예상치 못한 방식으로 행동할 수 있을 것이다. 이를 활용하여 새로운 소재나 특성을 가진 제품을 개발할 수 있을 것이다. 중력이 없는 상태에서는 물체의 운동이나 위치를 자유롭게 제어할 수 있다. 이를 통해 생산 공정을 더욱 효율적으로 최적화할 수 있을 것이다. 예를 들어, 재료의 낭비를 줄이고 생산 라인을 더욱 효율적으로 운영할 수 있을 것이다.

우주 공장에서는 현재 지구에서 사용되는 제품을 생산할 수도 있지만, 더욱 중요한 역할은 인류가 우주 공간에서 생활하면서 필요한 다양한 제품 등을 생산하는 것이다. 앞에서 설명하였듯이, 인류는 지구 궤도에 거주하며 관광을 즐길 수 있고, 달 및 화성으로의 여행도 가능해질 것이다. 이러한 시대가 오면, 우주 생활에 필요한 많은 물품을 우주 공장에서 생산하여 이용할 수 있을 것이다. 필요한 물품을 모두 지상에서 생산하여 우주로 보내는 것보다, 우주에서 직접 생산해서 활용하는 것이 더욱더 효율적이기 때문이다.

의료 장비와 약품도 우주에서 생산이 가능할 것이다. 우주에서의 장기 우주여행이나 정거장에서 의료 서비스가 필요하기 때문에 의료 장비와 약품의 일부는 우주에서 생산될 수 있다. 예를 들어, 응급 상황에서 사용되는 의료 장비나 필수적인 약품 등이 이에 해당된다.

우주선 및 우주 모듈 부품도 생산이 가능할 것이다. 우주에서의 생산은 우주선 부품, 우주 모듈, 그리고 우주정거장의 유지 보수에 필요한 부품을 제작하는 데 활용될 수 있다. 우주에서는 특수한 환경에 노출되기 때문에 고온, 저온, 미소중력 등에 강한 소재가 필요하다. 이에 따라 탄소 나노튜브와 같은 고급 소재의 생산이 고려될 수 있다.

태양 전지판은 우주에서의 전력 공급을 위한 중요한 부품이다. 이러한 태양 전지판을 우주에서 제조하여 전력을 생산하는 것이 가능할 것이다. 이렇게 되면 앞에서 언급한 우주 태양광 발전을 위해 필요한 부품 등을 우주에서 직접 생산하고 이용할 수 있어, 우주 태양광 발전의 관리가 편해질 것이다. 또한, 지상에서 제작하여 우주로 보내는 비용도 절감할 수 있을 것이다.

이러한 사례는 이미 영화를 통해 소개된 적이 있다. 2017년에 개봉된 공상과학 영화 '지오스톰'은 먼 미래 지구의 급격한 기후 변화를 제어하기 위한 수단으로 인공위성 네트워크를 구축·운영하는 내용을 다룬다. 이때 우주에서 운용되는 많은 위성을 우주 공장에서 제작하여 주기적으로 교체하는 장면이 나온다. 이러한 시스템이 미래에 충분히 나타날 수 있을 것이다. 처음에 이야기했던 우주 인터넷을 위한 수백~수천 기 이상의 위성도 미래에는 우주 공장에서 직접 생산하는 시대가 올 수 있을 것이다.

지구 궤도 우주 공장

출처 : 챗GPT를 이용하여 구현한 이미지

  미래에는 우주에서 우주 공장을 통한 다양한 생산뿐만 아니라, 물류 창고를 운영할 수도 있다. 전 세계가 일일 생활권이 되고, 기존에 접근하기 어려웠던 지역에 대한 접근이 가능하게 되며, 우주 인터넷을 통한 세계적 변화가 이루어진다면, 이에 필요한 다양한 물품에 대한 물류를 우주 기반으로 관리·배송할 수 있을 것이다. 우주 공간에 물류 창고를 만들어 놓게 되면, 모든 국가 모든 지역에 거점 물류 센터를 구축할 필요 없이, 우주 물류 창고를 통해 세계 곳곳에 물품 배달이 가능해질 수 있기 때문이다. 지구 궤도에 떠 있는 우주 물류 창고는 하루에 지구를 여러 번 돌기 때문에 지구 어디로든 필요한 물품을 이동시킬 수 있는 장점을 가지고 있다.

우주를 이용한 또 다른 물류 혁신은 정보의 물류를 다루는 데이터 센터의 구축이다. 우주 데이터 센터는 지구가 아닌 우주 공간에 설치된 데이터 저장 및 처리 시설을 말한다.

데이터 센터를 우주에 배치하게 되면 우주 공간의 태양 에너지를 무한정으로 활용할 수 있어 데이터 센터 운영에 필요한 전력을 효율적으로 공급할 수 있다. 또한 우주 데이터 센터는 지구상의 자연재해나 전쟁, 테러 등으로부터 비교적 안전하다. 냉각 효율성도 좋다. 우주 공간은 매우 낮은 온도를 유지하므로 데이터 센터의 냉각 비용을 절감할 수 있다.

하지만, 이러한 장점을 가진 우주 데이터 센터 구축도 극복해야 할 과제들이 있다. 먼저 높은 초기 비용이다. 우주 데이터 센터를 설치하고 운영하는 데는 막대한 초기 비용이 필요하다. 발사 비용, 장비 설치 비용 등이 이에 해당한다. 또한 우주 공간에서의 유지 보수는 매우 어렵고 비용이 많이 든다. 그리고 우주와 지구 간의 데이터 전송 속도와 안정성 문제는 여전히 큰 도전 과제이다. 특히 장거리 및 대량의 자료 전송 시 지연이나 손실이 발생할 수 있다.

우주 데이터 센터는 아직 초기 단계에 있지만, 미래에는 더 많은 기업과 정부 기관들이 이 기술을 활용하여 데이터 처리와 저장의 새로운 시대를 열 것으로 기대된다.

우주 데이터 센터 상상도

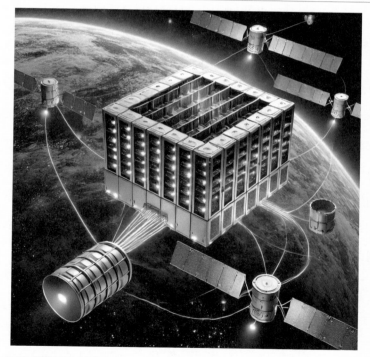

출처 : 챗GPT를 이용하여 구현한 이미지

우주 기술,
식량 문제 해결에 기여하다

    세계 식량 위기 보고서(Global Report on Food Crises, GRFC)에 따르면 2023년 59개 국가와 지역에서 약 2억 8,200만 명이 심각한 식량 위기를 경험했으며, 이는 전년 대비 2,400만 명이 증가한 것으로 나타났다. 보고서에 따르면 32개국에서 5세 미만 어린이 3,600만 명 이상이 급성 영양실조에 시달리는 등 어린이와 여성이 이러한 기아 위기의 최전선에 있는 것으로 파악됐다. 2023년에는 특히 분쟁과 재난으로 인해 난민이 된 사람들 사이에서 급성 영양실조가 더욱 악화됐다. 보고서에서는 극심한 식량 위기의 순환을 끊기 위한 대규모 긴급 노력과 함께 평화 분위기 조성, 예방 및 지역 개발 조치를 통합하는 혁신적인 접근 방식을 촉구하였다. [26]

    식량 위기의 주요 원인으로는 심화되는 분쟁과 불안, 경제적 충격의

---

26)   세계 식량 위기 관련 내용은 '유엔세계식량계획'의 '세계 식량 위기 보고서' 보도자료(2024.4.24.)를 기반으로 작성하였음

영향, 기상 이변의 영향을 꼽고 있다. 이러한 상호 연결된 원인들은 식량 시스템의 취약성, 농촌 소외, 열악한 행정, 불평등을 악화시키고 있으며, 전 세계적으로 대규모 인구 이동으로 이어지고 있다. 이재민 보호 상황은 식량 불안정으로 인해 추가적인 영향을 받고 있다.

이러한 식량 문제에 대응하기 위한 방법으로 태평양에서의 대규모 양식 산업을 생각해 볼 수 있다. 이를 통해 다양한 해양 식량을 저렴하게 확보하여 세계 기아 문제에 대응할 수 있을 것이다.

태평양의 많은 지역은 따뜻한 물과 청정한 수질을 가지고 있어 다양한 어종의 성장에 적합하다. 또한, 태평양은 넓고 개방된 공간을 제공하여 대규모 양식장이 조성될 수 있다. 주요 양식 어종으로는 연어, 참치, 새우, 조개류 및 해조류를 들 수 있다.

이러한 다양한 양식 산업을 더욱 확대하고 넓은 태평양 한가운데서 수행할 때 중요한 요소 중의 하나가, 양식한 생물을 빠르게 소비자에게 공급하는 것이다. 현재의 경우 대형 선박을 통해서 가능하지만, 선박을 이용하게 되면 많은 이송 시간이 소요되어 신선한 해산물의 유통이 어려워진다.

이러한 문제를 해결할 수 있는 것이 발사체 기술이다. 앞에서 설명한 수직 이착륙이 가능하고, 재사용 기능으로 인해 저렴한 비용으로 운용이 가능한 발사체를 이용하면, 아무리 먼 태평양 한가운데라도 한 시간 내외로 세계 어디든 배송이 가능하게 되기 때문이다. 이러한 발사체를 이용하여 세계 곳곳의 식량 문제가 있는 지역에 빠르고 저렴한 식량 배급이 가능한 체계를 구축할 수 있을 것이다.

태평양 양식 모습

출처 : 챗GPT를 이용하여 구현한 이미지

태평양에서의 양식 산업의 수송 수단으로 발사체를 이용할 수 있다고 이야기한 것처럼, 사막 지역에서 농업이 가능해진다면 수송 수단으로서 발사체를 이용할 수 있다. 수직 이착륙이 가능한 발사체는 공항과 같은 대규모 활주로가 필요하지 않고, 자동차나 철도처럼 전용 도로

왜? 우주개발을 해야 하는가!

등의 건설이 요구되지 않는다는 장점을 가지고 있기 때문에 타 수송 수단보다 오지 및 험지에서의 수송에 용이하다 말할 수 있다.

이처럼 우주 기술은 직접적인 식량 문제의 해결에 기여할 수는 없을지 모르지만, 식량 문제를 해결하기 위한 다양한 방법들을 시도할 수 있게 해 주는 중요한 역할을 담당할 수 있을 것이다.

우주에서 농업

우주에서도 농업이 필요하다. 지구와 화성을 왕복하는 장기간의 우주여행에 우주 농업을 통한 자체 생산 작물의 활용이 필요하고, 화성으로 이주하여 생활할 때도 화성에서 농작물을 키워 식량으로 활용해야 하기 때문이다. 이러한 우주 농업의 단편은 영화 '마션'을 통해 이해할 수 있다. 영화 '마션'의 주인공인 마트 와트니는 사고로 화성에 홀로 남겨지고, 생존을 위해 남겨진 장비와 기지를 활용하여 물을 생산하고, 감자를 재배하여 식량을 확보한다.

우주 농업에 대한 실험은 이미 일부 이루어지고 있다. NASA 등은 국제우주정거장에서 다양한 식물을 재배하는 실험을 진행해 왔다. 이를 통해 상추, 무, 보리 등이 성공적으로 재배되었다. 국제 우주정거장에는 식물 생장실이 설치되어 있어, 미소중력 환경에서 식물의 성장 과정을 연구하고 있다. 이 실험은 우주에서 식물을 재배하는 데 필요한 최적의 조건을 찾는 데 도움을 주고 있다.

우주 농업을 실질적으로 수행하기 위해서는 몇 가지 도전 과제가 존재한다. 우주에서는 지구와 같은 중력이 없어 식물의 성장에 영향을 미친다. 식물은 뿌리와 줄기를 통해 중력 방향을 인식하여 자라기 때문에, 미소중력 환경에서의 적응을 위한 연구가 필요하다. 우주 환경에서는 태양광이 일정하지 않기 때문에 인공 조명과 온도 조절 시스템을 통해 식물의 성장에 필요한 조건을 유지해야 하는 문제도 있다. 또한 우주에서는 물이 자유롭게 흐르지 않기 때문에, 식물에 필요한 물과 영양소를 효율적으로 공급하는 시스템을 개발해야 하기도 한다.

우주 농업은 우주 거주지의 폐쇄형 생태계 시스템의 중요한 부분이 될 것이다. 식물은 이산화탄소를 흡수하고 산소를 방출하여, 인간과 식물 간의 공생 관계를 통해 생태계를 유지할 수 있다. 우주 농업은 물과 영양소의 재활용을 통해 자원을 효율적으로 사용해야 한다. 이러한 기술은 지구에서도 환경 친화적인 농업에 응용될 수 있다.

이러한 우주 농업 기술은 앞에서 언급하였던 사막 농업에서 요구되는 다양한 기술에도 적용될 수 있을 것이다.

우주 농장 모습

출처 : 챗GPT를 이용하여 구현한 이미지

우주 농업을 접목하다.

최근 '사하라 에너지' 기업은 새로운 사업을 모색하고 있다. 넓은 사막 지역을 이용해서 전기를 생산했던 경험을 바탕으로 사막 지역에서 농작물 재배를 시작하려고 한다. 이를 위해 우주 농업 전문가를 초빙하여 사막 지역에서의 농작물 재배에 대한 방법을 기획하는 팀을 꾸렸다.

아말은 오늘부터 이 팀에 함유하여 사막 농업의 대상 및 해결해야 할 문제 등에 대해서 논의하였다. 아말은 사막 농업을 위해 우주에서와 같은 물 관리 기술이 꼭 필요함을 설명하였으며, 열대 과일을 시작으로 벼 및 구황 작물 순으로 재배 대상을 확대해 가자는 의견을 제시하였다.

사막에서의 농업은 우주 농업에서 획득한 기술을 이용하여 규모의 경제를 실현할 계획이다. '사하라 에너지' 기업은 사막 농업을 통해 아프리카 지역의 식량 문제를 개선하고 나아가서는 세계 식량 공급에서의 경쟁력을 확보할 계획을 세우고 있다.

사막 농업

출처 : 챗GPT를 이용하여 구현한 이미지

우주, 인류의 건강을 지키다

인류의 식량 문제에 대응하는 방법에 우주 기술이 어떻게 활용될 수 있는지 살펴보았다. 그런데, 우주 기술 및 우주의 활용은 식량 문제뿐 아니라 우리의 건강한 삶에도 영향력을 줄 수 있다.

우주에서의 신약 개발은 무중력(또는 미소중력) 환경과 우주의 독특한 조건을 활용하여 지구에서는 불가능하거나 어려운 연구를 수행할 수 있게 해 준다. 이러한 연구는 신약 개발과 기존 약물의 개선에 중요한 발견을 가능하게 한다.

우주에서의 신약 개발의 주요 이점은 단백질 결정화, 빠른 질병 모델링, 신속한 신약 테스트, 면역 시스템 연구 등에서 확인할 수 있다. 무중력 환경에서는 단백질 결정이 더 크고 더 잘 정제될 수 있다. 이는 단백질 구조를 보다 정확하게 분석할 수 있게 해 주어, 신약 개발의 초기 단계에서 중요한 정보를 제공한다. 또한 세포는 무중력 상태에서 다르게 행동한다. 이를 통해 세포 성장, 분열 및 사멸에 대한 새로운 이해를 얻을 수 있으며, 암이나 신경 질환과 같은 복잡한 질병에 대한 새로운 치료법을 개발하는 데 도움이 된다. 빠른 질병 모델링도 우주를 활용한 신약 개발의 중요한 이점이다. 우주에서는 방사선과 무중력의 영향으로 인해 질병 모델이 더 빨리 나타날 수 있다. 예를 들어, 뼈 손실이나 근육 위축과 같은 현상이 지구보다 빠르게 진행되어, 골다공증이나 근육 소모 질환 연구에 유리한 환경을 제공한다. 우주 환경에서의 변화는 신약의 효과와 부작용을 빠르게 평가할 수 있게 해준다. 이는 신약 개발 과정을 가속할 수 있는 중요한 요소이다. 우주 비행은 면역 시스템에 스트레스를 주어 면역 반응을 약화하는 것으로 알려져 있다. 이를 통해 면역 관련 질병과 약물의 영향을 더 잘 이해하고, 면역 조절 약물 개발에 기여할 수 있다.

앞에서 언급된 내용의 일부는 이미 국제 우주정거장 등을 활용하여 수행되고 있다. 국제 우주정거장에서 수행된 단백질 결정화 실험은 항암제, 항생제 및 기타 치료제 개발에 중요한 단서를 제공했다. 무중력 상태에서 얻은 단백질 구조 데이터는 약물의 표적과 상호작용을 더 잘 이해하게 해 주었다. NASA와 협력하여 여러 제약 회사들은 우주에서의 뼈 및 근육 소모 연구를 통해 골다공증과 근감소증 치료제를 개발하고 있다. 무중력 환경에서 발생하는 급격한 뼈 밀도 감소와 근육 위축을 연구하여, 이러한 질환에 대한 새로운 치료법을 찾는 데 집중하고 있다. 우주 비행사가 겪는 면역 체계 변화는 자가면역 질환과 감염병

연구에 중요한 단서를 제공한다. 이를 통해 면역 체계의 조절 메커니즘을 더 잘 이해하고, 면역 조절 약물 개발을 앞당길 수 있다.

우주 시험실에서의 신약 개발

출처 : 챗GPT를 이용하여 구현한 이미지

우주에서의 신약 개발은 여전히 초기 단계에 있지만, 매우 유망한 분

왜? 우주개발을 해야 하는가!

야이다. 앞으로 더 많은 기업과 연구 기관들이 협력하여 다양한 약물과 치료법 개발에 기여할 것이다.

우주 방사선은 지구상의 자연 방사선보다 강력하며, 이를 통해 방사선이 인체에 미치는 영향을 연구할 수 있다. 향후 이를 기반으로 방사선 치료에서 방사선의 영향을 최소화하고, 더 효과적인 치료법을 개발할 수 있다.

우주 비행 중에 원격으로 의료 서비스를 제공하기 위해 다양한 기술이 개발되고 있다. 특히, 향후 달에서의 거주, 화성으로의 이동 등 지구와 먼 우주에서의 인류 활동이 증가하게 되면, 이러한 활동에 참여하는 사람들에 대한 의료 서비스가 필요할 것이다. 일부 의사가 이러한 활동에 동행할 수는 있지만, 모든 의학 분야의 의사들이 함께 우주 활동에 동참할 수는 없기 때문이다. 이럴 때 중요하게 사용되는 분야가 원격 진단 및 치료 기술들일 것이다. 이러한 부분에 대한 연구는 원격 진단 장비와 원격 치료 기술을 발전시키는 데 중요한 역할을 한다. 또한, 이러한 기술을 활용하여 지구상의 외딴 지역이나 재난 상황에서도 의료 서비스를 제공할 수 있는 원격 의료 시스템이 발전할 것이다. 이는 의료 접근성을 크게 향상시키고, 응급 상황에서도 신속한 대응이 가능하게 할 것이다.

우주 비행사들은 우주라는 극한 환경에 노출되어 있기 때문에 항시 건강 모니터링이 필요하다. 이를 위해 우주 비행사들은 다양한 웨어러블 장치와 생체 센서를 사용하여 건강 상태를 실시간으로 모니터링하여, 심박수, 혈압, 혈당 수치 등 중요한 생체 데이터를 수집하고 건강 관리에 활용된다. 이러한 기술은 지구상의 환자 모니터링 시스템에도 적용될 수 있으며, 개인화된 헬스케어와 예방 의료에 큰 도움이 될 것이다. 예를 들어, 만성 질환을 가진 환자들이 지속적으로 자신의 건강 상태를 모니터링하고 관리할 수 있게 된다.

이와 같은 우주에서의 바이오 연구는 다양한 분야에서 혁신적인 발전을 가능하게 하며, 지구상의 생명과학 및 헬스케어 기술을 크게 향상시킬 것이다.

왜? 우주개발을 해야 하는가!

우주 자원으로 사회를 변혁시키다

주기율표라는 말을 들어 본 적이 있을 것이다. 주기율표는 자연계에 존재하거나 인공적으로 만들어 낸 모든 원소를 그 원자번호와 원소의 화학적 특성에 따라 나열한 표다. 러시아의 화학자인 드미트리 멘델레예프가 맨 처음 고안하였으며, 가시성이 좋은 표로 원소들의 화학적 규칙성을 찾고 그 특징을 체계화한 데에 매우 큰 의미가 있다.

주기율표는 과학의 발전에 따라 계속 개정되고 있다. 자연계에서는 원자 번호 94까지 존재하는 원소들만 존재하는데, 현재는 과학자들의 실험으로 합성된 원소들을 포함하여 118개가 포함되어 있다.[27]

갑자기 우주 이야기를 하다가, 주기율표 이야기를 해서 당황했을지도 모르겠다. 하지만 주기율표에는 우주개발의 궁극적인 목적 중의 하나를 확인할 수 있는 중요한 단서가 들어 있다.

---

27) 위키백과 참조

앞에서 설명했듯, 주기율표에는 자연계에 존재하는 94개의 원소들이 있다고 하였다. 여기서 말한 자연계는 엄밀히 말하면 '지구 자연계'이다. 지구 자연계에서 지금까지의 인류에 의해 발견된 원소가 94개란 의미이다.

하지만 이러한 원소가 지구에만 있을까? 아니라고 생각한다. 달, 화성 그리고 또 다른 태양계 행성 등에도 다양한 원소가 존재할 것이다. 그리고, 그러한 원소들은 지구의 원소와는 다른 특징을 가지고 있거나, 일부는 지구의 원소보다 더 뛰어난 성질을 가지고 있을지도 모른다.

예를 들어 보자. 자동차에 사용되는 리튬 이온 배터리에는 리튬(Li), 코발트(Co), 니켈(Ni), 망간(Mn), 그래파이트(C) 등의 원소가 사용된다. 하지만, 만약, 화성 등의 탐사를 통해 지구와는 다른 새로운 원소를 발견하고, 이를 배터리에 적용해 보니, 기존 배터리보다 성능이 10배 이상 좋아졌다고 생각해 보자. 이렇게 되면, 지금 1회 충전에 400km~500km 정도를 이동할 수 있는 전기 자동차가 4,000km~5,000km까지 운행할 수 있을 것이다. 이렇게 된다면, 전기 자동차는 일 년에 4~5회만 충전하면 된다.

휴대폰의 경우도 작은 배터리를 사용할 수 있어, 지금보다 훨씬 가볍고 오래 사용할 수 있는 제품이 나타날 것이다.

이런 사회가 오게 된다면, 전기를 사용하는 모든 물건들이 변화할 것이며, 우리의 생활 패턴도 바뀔 것이다. 더 이상 충전을 위한 별도의 충전기를 들고 다닐 필요가 없어지게 될 것이기 때문이다.

또한, 에너지 문제 해결에도 도움이 될 것이다. 한번 충전하면 오랜 기간 사용할 수 있어, 에너지 소비에 효율성이 높아질 것이다. 그리고 앞에서 설명하였던 우주 충전 시스템 구축도 한결 수월해질 것이다. 배터리의 효율이 10배 이상 증가하게 된다면, 발사체로 발사해야 할 배터리의 무게도 1/10로 줄어들 수 있어 발사 비용을 감소시킬 수 있기 때문이다.

헬륨-3(Helium-3)

우주 자원이라는 키워드를 검색하면, '헬륨-3'라는 단어를 쉽게 접할 수 있을 것이다. 헬륨-3은 가볍고 안정한 헬륨의 동위 원소 중의 하나로, 두 개의 양성자와 한 개의 중성자를 갖고 있다.

헬륨-3은 핵융합 에너지의 연료로 사용될 수 있다. 헬륨-3과 중수소(Deuterium) 사이의 핵융합 반응은 높은 에너지 출력을 제공하며, 방사성 폐기물이 거의 발생하지 않는다. 그렇기에 미래의 에너지원인 '핵융합 에너지 시스템'을 위해 헬륨-3은 매우 중요한 원료이다.

하지만, 헬륨-3은 지구의 대기 중 헬륨-4의 100만 분의 1밖에 존재하지 않는다. 그렇지만 달 표면에는 지구보다 훨씬 많은 헬륨-3이 존재한다고 알려져 있다. 이 때문에 달 표면의 암석에서 헬륨-3의 채굴을 시도하는 연구도 이루어지고 있다. 지구 대기에는 지구가 만들어질 때에 존재했던 헬륨-3이 대부분 우주 공간으로 흩어졌다고 알려져 있다. 반면, 달 표면에는 태양풍이 불기 때문에 헬륨-3이 존재한다.[28] 또한, 목성, 토성 같은 가스 행성의 대기에도 헬륨-3이 포함되어 있을 가능성이 높다고 분석되고 있다.

달 표면에서의 헬륨 3 채굴과 핵융합 발전소

출처 : 챗GPT를 이용하여 구현한 이미지

---

28) 위키백과 내용 참조

지구 자원 고갈 문제에 대응

지구 자원 고갈 문제는 현대 사회가 직면한 가장 중요한 환경 및 경제적 문제 중 하나이다. 자원의 고갈은 경제 성장, 생태계 균형 및 인류의 지속 가능성에 큰 영향을 미친다. 지구 자원 중 고갈이 우려되는 요소들은 여러 가지 있지만 중요성이 높은 것은 화석 연료와 금속 자원일 것이다.

화석 연료 중 석유는 전 세계 에너지 소비의 대부분을 차지하며, 지속해서 감소하고 있다. 새로운 석유 매장지를 찾기 어려워지고, 기존 매장지의 생산량도 감소하고 있기 때문이다. 석탄은 여전히 많은 국가에서 주요 에너지원이지만, 환경 오염과 기후 변화의 주요 원인으로 지목되고 있어 사용이 제한되고 있다. 천연가스는 비교적 청정한 화석 연료로 여겨지지만, 매장량은 한정되어 있는 상황이다.

금속 자원 중 최근 가장 주목을 받고 있는 것은 희토류 원소이다. 스마트폰, 전기차 배터리, 태양광 패널 등 첨단 기술에 필수적인 희토류 원소는 제한된 지역에서만 채굴 가능하며, 공급 부족 문제가 발생하고 있다. 철, 구리, 알루미늄 등 건설, 전기 배선, 산업용으로 널리 사용되는 금속들은 점점 더 많은 채굴이 필요하며, 채굴 비용과 환경 피해가 증가하고 있는 상황이다.

이처럼 지구의 화석 연료 및 금속 자원 들은 시간이 지남에 따라 점점 그 양이 줄어들 것이다. 그렇다면, 이러한 자원을 확보해야 할 장소가 필요한데, 그러한 장소가 바로 우주에 있다. 태양계에 있는 다양한 천체들이 그것이며, 가장 가까운 대상은 달과 화성이 될 것으로 보인다.

이러한 천체들에서 다양한 자원들을 확보하여 사용할 수 있게 된다면, 우리가 직면한 지구 자원 고갈의 문제에서 벗어날 수 있을 것이며, 이는 인류가 지속 발전할 수 있는 기반이 될 것이다. 또한 자원 고갈에 따른 국가별 다툼에서 벗어날 수 있어, 세계 사회의 안정화에도 영향을 줄 수 있을 것이다.

달과 화성에 매장되어 있을 것으로 보이는 자원

달과 화성에는 다양한 자원이 매장되어 있으며, 이러한 자원은 미래의 우주탐사의 중요한 목적 중의 하나가 될 것이다.

우선 가장 중요하게 언급되는 자원은 앞에서 소개했던 헬륨-3이다. 그리고 희토류 원소들도 달의 표토 및 암석에 존재하는 것으로 확인되었다. 철과 티타늄은 건설 및 제조 산업에 중요한 금속인데, 달의 암석, 특히 현무암질 암석에서 철과 티타늄이 높은 농도로 존재한다고 알려져 있다. 특히 티타늄은 달의 바다(Maria) 지역에서 풍부하게 발견된다고 보고되었다. 인간의 생명에 필수적인 물도 달에 존재한다고 알려

왜? 우주개발을 해야 하는가!

져 있다. 달의 극지방, 특히 남극과 북극의 영구 그늘진 분화구에 얼음 형태로 존재한다. 유리 및 건축 자재로 사용되는 실리카(Silica)도 달에 매장되어 있다고 알려져 있다. 알루미늄, 마그네슘 및 칼슘도 달의 표토와 암석에 다양한 농도로 포함되어 있다. 핵연료로 사용될 수 있는 방사선 원소인 우라늄과 토륨도 달에서 발견된다. 달 표면의 일부 지역, 특히 고지대에서 상대적으로 높은 농도로 발견될 수 있다고 알려져 있다.

화성에도 다양한 자원이 매장되어 있는 것으로 알려져 있다. 금속 자원으로 철, 티타늄, 알루미늄, 실리콘, 망간, 마그네슘, 구리, 니켈, 크롬 등이다. 이러한 금속 자원은 지구에서도 많은 분야에서 사용되는 자원들로 향후 지구 자원 고갈에 대응하여 화성으로부터 이를 공급받을 수 있을 것이다.

화성에는 금속 자원뿐 아니라, 대기가 존재하기 때문에 다양한 대기 자원도 있다. 화성 대기는 지구 대기와 비교할 때 매우 희박하고, 주로 이산화탄소로 구성되어 있다.

이산화탄소(CO_2)는 화성 대기의 대부분을 차지한다. 이산화탄소는 전기 분해를 통해 산소와 일산화탄소로 분리할 수 있다. 산소는 호흡용으로, 일산화탄소는 다양한 화학적 공정에 사용할 수 있다. 또한, 이산화탄소를 이용해 메탄을 생성할 수 있으며, 메탄은 로켓 연료로 사용될 수 있다.

화성 대기에 포함된 질소는 산소와 혼합하여 호흡할 수 있는 대기를 만들 수 있다. 이는 인간이 화성에서 거주할 수 있도록 하는 데 중요한 역할을 할 것이다. 질소는 암모니아(NH_3)와 같은 화합물을 만드는 데 사용될 수 있으며, 이는 화성에서의 농업에 활용될 수 있다.

화성 대기의 아르곤은 냉각 시스템에서 사용될 수 있으며, 아르곤은 금속 용접 및 산업 공정에서 보호가스로 사용할 수 있다.

화성 대기에 포함된 산소(O_2)는 화성 기지 등에서 인간이 호흡하는 데 필요한 산소를 확보하는 데 이용될 수 있으며, 로켓 연료의 산화제로도 사용된다.

화성은 지구에 필요한 자원을 가공, 생산하는 전초 기지

인류가 활동 영역을 확장하여 화성에 식민지를 건설하게 된다면, 화성에서는 어떤 일들을 할 수 있을까?

아마 핵심적인 일은 지구에 필요한 자원을 채굴하고 가공하여 지구로 수송하는 임무가 될 수 있을 것이다. 특히, 화성과 목성 사이에는 소행성 벨트가 존재하는데, 이 소행성들에는 매우 다양하고 많은 광물 자

왜? 우주개발을 해야 하는가!

원이 매장되어 있다고 알려져 있다. 이러한 소행성 벨트에서 자원을 채굴하고, 화성에서 이를 정제한 다음, 지구로 수출하는 형태의 지구와 화성 사이의 무역 활동이 발생할 수 있을 것이다.

화성과 목성 사이의
'주 소행성대(Main Asteroid Belt)'에서의 자원 채굴

출처 : 챗GPT를 이용하여 구현한 이미지

화성과 목성 사이의 수많은 소행성이 밀집해 있는 지역을 '주 소행성대(Main Asteroid Belt)'로 부른다. 주 소행성대에는 수십만 개의 소행성이 존재하며, 이들의 크기는 수 미터에서 수백 킬로미터에 이르기까지 다양하다. 가장 큰 소행성은 '세레스(Ceres)'로, 지름이 약 940km이며, 왜행성으로 분류된다. 다른 주요 소행성으로는 베스타(Vesta), 팔

라스(Pallas), 히기에아(Hygiea) 등이 있다. 소행성들은 주로 암석과 금속으로 구성되어 있으며, 탄소질 소행성, 규소질 소행성, 금속질 소행성 등으로 분류된다. 탄소질 소행성은 C-형 소행성으로, 가장 흔하며 탄소와 기타 휘발성 물질이 풍부하다. 규소질 소행성은 S-형 소행성으로, 규소와 철-니켈 금속이 주요 구성 성분이다. 금속질 소행성은 M-형 소행성으로, 주로 철과 니켈로 구성되어 있다.

우주, 골드 러시!

얼마 전 우리 회사는 '주 소행성대'에서 금이 대량으로 매장된 소행성을 발견했습니다. 이에 해당 소행성에서 금을 채취할 수 있는 로봇 개발, 화성에서 금을 정제할 수 있는 시설 구축 및 화성 사업장 관리 등에 필요한 인력을 아래와 같이 모집하고 있으니 관심이 있는 분들은 많은 신청 바랍니다.

▶ 모집 분야 : 로봇 제작, AI, 시설 구축 등 관련 인력

▶ 모집 인력

- 로봇 및 AI 분야 : 000명

- 시설 구축 분야 : 0,000명

- 관리·운영 등 : 00명

▶ 업무 장소 : 화성 기지

▶ 연봉 : 직급별 경력을 고려하여 책정(지구 대비 3배 이상)

소행성에서 찾은 금맥

출처 : 챗GPT를 이용하여 구현한 이미지

왜? 우주개발을 해야 하는가!

새로운 물리법칙의 이해와
혁신 기술을 창조하다

　자연을 관찰하고 실험하는 과정에서 중요한 물리 법칙들이 발견되는데, 이러한 발견에는 과학자의 호기심과 관찰력, 그리고 그들이 이룬 과학적 혁신이 담겨 있다.

　아이작 뉴턴은 만유인력의 법칙을 발견한 일화로 유명하다. 뉴턴은 한적한 시골집 정원에서 사과가 나무에서 떨어지는 것을 보고 왜 사과가 땅으로 떨어지는지 궁금해했다고 한다. 이 단순한 관찰이 뉴턴으로 하여금 지구가 물체를 끌어당기는 힘이 있음을 깨닫게 하였고, 나아가 천체 운동까지 설명하는 만유인력의 법칙을 도출하는 데 기여했다.

　갈릴레오 갈릴레이는 피사의 사탑에서 다양한 무게의 물체를 떨어뜨려 자유 낙하 운동을 연구한 일화로 유명하다. 갈릴레오는 같은 높이에서 떨어뜨린 물체는 무게와 상관없이 동시에 땅에 떨어진다는 것을 실험을 통해 확인했다. 이 발견은 나중에 뉴턴의 운동 법칙으로 확장되었으며, 갈릴레오의 실험은 중세의 아리스토텔레스 물리학을 대체하는 중요한 전환점이 되었다.

1820년 한스 크리스티안 오스트레드는 강의 도중 우연히 전류가 흐르는 도선 근처에 있는 나침반 바늘이 움직이는 것을 관찰했다. 이로 인해 전류가 자기장을 생성한다는 것을 발견하게 되었고, 이는 전자기학의 기초가 되었다. 오스트레드의 발견은 나중에 앙드레마리 앙페르와 제임스 클럭 맥스웰 등의 연구로 이어져 전자기 법칙의 확립에 중요한 역할을 했다.

뉴턴의 운동 법칙은 자동차의 가속과 제동에서 중요한 역할을 한다. 뉴턴의 제1법칙인 관성의 법칙에 의해, 움직이던 차가 갑자기 멈추면 차 안의 사람들은 계속 움직이려는 경향이 있음을 알 수 있다. 좌석 벨트는 이때 사람들을 안전하게 고정시키는 역할을 한다.

냉장고는 열역학 제2법칙을 이용하여 내부의 열을 외부로 내보내면서 내부를 차갑게 유지하며, 자동차 엔진은 연료를 태워 에너지를 생성하고 이를 통해 자동차를 움직인다. 이러한 자동차 엔진의 과정은 열역학 제1법칙(에너지 보존 법칙)과 제2법칙(엔트로피 증가 법칙)에 기반한다.

맥스웰의 전자기 법칙인 전자기파가 생성되고 전송되는 원리는 무

왜? 우주개발을 해야 하는가!

선 통신, 라디오, TV 신호 등에 이용된다. 또한, 전류가 자기장을 생성하고, 이 자기장이 회전력을 만들어 내는 원리를 이용하여 전기 모터가 구동된다.

현대 전자기기의 기본 구성 요소인 반도체는 양자 역학의 원리에 기반하여 작동한다. 트랜지스터와 다이오드는 양자 터널링 효과와 에너지 밴드 이론을 활용한다. MRI(자기 공명 영상) 스캐너는 양자 역학의 핵자기 공명 원리를 이용하여 인체 내부 구조를 비침습적으로 촬영한다.

이처럼 다양한 물리 법칙들이 자연을 관찰하여 발견되었으며, 이러한 원리를 이용하여 우리 사회의 많은 제품들이 만들어지고 있다. 그리고 지금도 새로운 물리 법칙들이 논의되고 있으며, 검증을 위한 노력을 하고 있다.

앞에서 설명한 것같이, 새로운 물리 법칙들은 자연의 관찰을 통해 발견되곤 한다. 우주는 기존 물리 법칙들이 발견된 지구의 자연과는 비교가 안 될 정도의 다양성과 규모를 가지고 있다. 이러한 우주를 관찰하고 연구한다면, 지금까지 발견하지 못했던, 상상하지 못했던 새로운 물리 법칙들이 발견될 수 있을 것이다. 그리고 이렇게 발견된 물리 법칙들은 우리의 일상에 매우 큰 변화를 가져올 것이다.

이에 몇 가지 주요한 연구 분야와 그로부터 발견될 가능성이 있는 새로운 물리 법칙들을 살펴보자.

현재 우주에는 우리가 관측할 수 있는 물질 이외에 암흑 물질이 존재한다고 알려져 있다. 암흑 물질은 중력 효과를 통해 그 존재가 유추되지만, 아직 직접적으로 관측되거나 이해되지 않았다. 암흑 물질의 본질을 이해하려면, 새로운 입자 물리학 이론을 필요로 하기 때문이다.

현재의 물리학에서는 중력(일반 상대성 이론)과 양자 역학을 통합하는 일관된 이론이 없다. 이를 해결하기 위한 이론으로 끈 이론[29]과 루프 양자 중력 이론[30]이 연구되고 있다. 양자 중력 이론이 확립되면, 블랙홀의 내부 구조, 빅뱅의 초기 상태 등을 이해하는 데 도움이 될 것이다. 스티븐 호킹이 예측한 블랙홀의 호킹 복사는 양자 효과와 중력을 결합한 현상이다. 이를 관측하고 이해함으로써 양자 중력의 실체를 밝혀낼 수 있을 것이다.

블랙홀은 물질과 정보를 삼키지만, 호킹 복사에 의해 증발할 수 있다. 이 과정에서 정보가 완전히 사라진다면, 이는 양자 역학의 기본 원

---

29) 끈 이론(String Theory)은 우주를 구성하는 기본 입자들이 1차원적인 끈 형태로 존재한다고 가정하는 이론. 이 이론은 중력과 양자 역학을 통합하려는 시도로, 여러 물리학적 문제를 해결할 가능성을 제공

30) 루프 양자 중력 이론(Loop Quantum Gravity, LQG)은 중력과 양자 역학을 통합하려는 이론 물리학의 접근 방식 중 하나. 이 이론은 시공간 자체를 양자화하려고 하며, 중력을 양자 이론의 언어로 설명하는 데 주력

왜? 우주개발을 해야 하는가!

리를 위배한다. 이 문제를 해결하기 위한 새로운 이론이 필요해진다. 블랙홀 내부의 특성을 이해하는 것은 일반 상대성 이론과 양자 역학의 통합을 위한 중요한 단서가 될 수 있다.

암흑 물질을 이용하여 심우주를 항행하는 우주선

출처 : 챗GPT를 이용하여 구현한 이미지

우주에서 이러한 다양한 연구가 진행되고, 새로운 물리 법칙 등이 정립된다면, 가장 기대할 수 있는 성과는 중력 생성 장치의 개발 가능성일 것이다.

중력 생성 장치(gravity generator)는 과학 소설과 영화에서 자주 등장하는 개념으로, 인위적으로 중력을 생성하거나 조절할 수 있는 장치를 말한다. 현재 우리의 과학기술 수준에서는 실현되지 않은 개념이지만, 이론적으로나 상상 속에서 다양한 방식으로 중력 생성 장치가 묘사된다.

이론적 기반으로는 일반 상대성 이론과 중력자를 꼽을 수 있다. 아인슈타인의 일반 상대성 이론에 따르면, 중력은 질량과 에너지가 시공간을 휘게 함으로써 발생한다. 따라서 중력을 생성하려면 시공간의 구조를 변화시키는 방법이 필요하다. 이는 현재의 기술로는 불가능하지만, 이론적으로는 매우 큰 질량이나 에너지를 특정한 방식으로 배치함으로써 중력을 조절할 가능성이 있다. 중력자는 중력의 양자화된 입자로 가정된다. 만약 중력자를 인위적으로 생성하고 조작할 수 있다면, 중력을 제어할 수 있을 것이다. 그러나 중력자의 존재는 아직 실험적으로 확인되지 않았다.

과학 소설과 영화에서는 다양한 중력 생성 장치들이 묘사된다. 이는 우주선 내부에서 중력을 생성하기 위해 종종 사용되는 개념이다. 예를 들어, 영화 '스타 트렉' 시리즈나 '인터스텔라'에서 등장하는 우주선에는 인공 중력 발생기가 탑재되어 있다.

하지만, 이러한 중력 생성 장치의 개발은 현재의 기술로는 불가능하다. 중력을 생성하거나 조절하려면 엄청난 양의 에너지가 필요한데, 현재 인류가 사용할 수 있는 에너지 자원으로는 이러한 장치를 작동시키기에 충분하지 않다. 하지만, 우주에서 새로운 에너지원이 발견된다면 가능해질 수도 있다. 중력을 생성하는 기술은 아직 이론적인 단계에 머물러 있으며, 이를 실현하기 위한 구체적인 메커니즘은 존재하지 않는다. 중력을 제어하려면 현재의 물리학 이론을 뛰어넘는 새로운 발견이 필요하며, 이는 우주를 관찰함으로써 가능해질 수 있다.

현재도 중력 생성을 대체하기 위한 기술이 연구되고 있다. 우주에서의 무중력 문제를 해결하기 위해 원심력을 이용한 회전 우주선이나 자기 부상 기술 등이 그것이다. 이러한 기술들은 중력을 직접 생성하지는 않지만, 유사한 효과를 제공할 수 있다.

중력 생성 장치는 현재로서는 공상과학에 머물러 있지만, 중력에 대한 더 깊은 이해와 새로운 물리학적 발견이 이루어진다면 언젠가 현실로 다가올 가능성도 있다. 중력을 제어할 수 있는 기술이 개발된다면 이는 우주탐사와 인류의 기술 발전에 혁신적인 변화를 불러올 것이다.

중력 생성 장치가 개발된다면, 이를 기반으로 반 중력 장치(Anti-Gravity Device)의 개발도 가능해질 수 있다. 반 중력 장치는 중력의 영향을 역전시키거나 무효화하여 물체를 떠오르게 하거나 특정 방향으로 이동시키는 장치이다. 이러한 장치는 주로 과학 소설과 영화에서 자주 등장한다. 영화 '백 투 더 퓨처'에서 등장하는 '공중을 떠다니는 자동차', '스타워즈' 시리즈에서 반 중력 기술을 이용해 지면 위를 떠다니는 '스피더', '스타 트렉' 시리즈에서의 반 중력 기술을 이용해 '물체나 사람을 떠오르게 하는 장치' 등이 그것이다.

반 중력 장치를 이용한 이동 수단들

출처 : 챗GPT를 이용하여 구현한 이미지

중력 생성 장치 및 반 중력 장치가 개발된다면, 지금의 자동차, 비행기, 기차, 배 등 지상의 모든 이동 수단들이 해당 장치를 이용한 형태로 변화될 것이며, 과거 신화에서나 존재하던 공중 도시를 건설할 수도 있을 것이다.

아름다운 지구를 지키다

　현재 지구는 다양한 형태의 환경 오염에 직면해 있으며, 이는 전 세계적으로 심각한 문제를 야기하고 있다.

　세계보건기구(WHO)에 따르면 전 세계 인구의 약 90%가 대기 오염이 심각한 지역에 거주하고 있다고 한다. 대기 중 미세먼지, 일산화탄소, 이산화황, 질소산화물 등 유해 물질의 농도가 높아 호흡기 및 심혈관 질환, 조기 사망, 기후 변화 촉진 등 다양한 건강 및 환경 문제를 일으키고 있다고 분석되고 있다.

　수질 오염도 심각하다. 산업 폐수, 농업 폐기물, 생활 하수 등이 주요 하천, 호수, 바다에 유입되어 수질 오염을 일으키고 있다. UN에 따르면 전 세계 인구의 2.2억 명이 안전한 식수를 공급받지 못하고 있다고 한다. 식수 오염, 수산 자원 감소, 생태계 파괴, 인간의 건강 문제 등 다양한 영향을 미친다.

　　　　　　　　　　　　　　왜? 우주개발을 해야 하는가!

토양 오염은 농약, 화학 비료, 산업 폐기물, 불법 폐기물 매립 등으로 인해 발생하고 있다. 전 세계적으로 약 30%의 농지가 토양 오염으로 인해 생산성이 감소했다고 보고되고 있다. 이러한 토양 오염이 지속되면 농작물의 질 저하, 식량 안전성 위협, 생태계 균형 파괴 등이 발생할 수 있다.

우리가 흔히 사용하고 있는 플라스틱에 의한 오염도 심각하다. 매년 약 800만 톤의 플라스틱이 바다로 유입된다고 보고되고 있다. 해양에는 약 5조 개의 플라스틱 조각이 떠다니고 있으며, 이는 해양 생물과 생태계에 심각한 영향을 미치고 있다. 해양 생물의 서식지 파괴, 식품 사슬을 통한 인간 건강 문제, 해양 환경의 장기적 손상 등이 발생할 것이다.

방사능 오염 문제도 있다. 일본 후쿠시마 원전 사고와 러시아 체르노빌 사고와 같은 원자력 발전소 사고로 인한 방사능 오염이 아직도 문제로 남아 있다. 이러한 사고는 방사성 물질의 장기적인 환경 오염을 초래한다. 방사능 노출로 인한 건강 문제(암, 유전적 돌연변이 등), 장기적인 생태계 손상 등이 발생할 수 있다.

이러한 환경 문제의 원인은 몇 가지로 이야기되는데, 그중 하나가 산업화이다. 대량 생산과 소비로 인해 공장과 차량에서 배출되는 온실가스와 오염 물질이 급증한다. 또한, 산업화로 인해 화석 연료 사용이 증가하며, 이는 대기 오염과 지구 온난화의 주요 원인이 된다. 과도한 농약과 화학 비료 사용은 토양과 수질을 오염시킨다. 농업용수의 비효율적 사용과 축산업에서 발생하는 메탄가스가 환경에 악영향을 미친다. 도시 확장으로 인한 서식지 파괴, 교통량 증가로 인한 대기 오염도 발생한다. 인구 밀집 지역에서 발생하는 생활 폐기물과 하수가 환경 오염을 유발한다. 일회용 플라스틱 제품의 과도한 사용으로 해양과 토양이 오염된다. 플라스틱은 분해되지 않기 때문에 장기간 환경에 영향을 미친다. 산림 벌채, 광물 채굴 등 무분별한 자원 개발로 인해 생태계가 파괴되기도 한다. 이는 동·식물의 서식지 상실, 생물 다양성 감소로 이어진다.

지구의 환경 오염을 일으키는 다양한 제조 시설이 있다. 화학 공장은 다양한 화합물을 생산하고 처리하는데, 이로 인해 대기 중에 유독한 화학 물질이 방출될 수 있다. 이러한 물질들은 공기와 물을 오염시키며, 일부는 지표면에 침전될 수 있다.

금속 가공 공장은 다양한 금속을 가공하고 처리하는데, 이로 인해 유해한 물질이 대기와 물로 방출될 수 있다. 또한, 금속 추출 및 가공 과정에서 발생하는 폐기물은 환경 오염의 주요 원인이 될 수 있다.

플라스틱 제조는 석유 기반 원료를 사용하며, 이로 인해 유해한 화합물이 발생한다. 또한, 플라스틱 제품의 생산 및 폐기물 처리 과정에서도 환경 오염이 발생할 수 있다.

  이러한 환경 오염을 일으킬 수 있는 제조 시설을 우주에 설치하여 운영한다면, 관련 환경 문제를 줄이는 데 큰 역할을 할 수 있을 것이다.

  앞서 언급한 희토류를 예로 들 수 있다. 희토류는 다양한 기술 및 산업 분야에서 사용되는데, 전자제품, 자동차, 에너지 생산 등에 필수적이다. 그러나 희토류 채굴과 가공은 환경 문제를 초래할 수 있다. 채굴 작업은 토양이나 지형을 파괴하고, 심지어는 수질 오염을 초래할 수 있다. 가공 과정에서도 몇 가지 환경 문제가 발생할 수 있다. 희토류 가공은 고에너지 소모 과정을 포함하며, 이로 인해 화석 연료 소비 및 온실가스 배출이 증가할 수 있다. 이는 기후 변화에 부정적인 영향을 미칠 수 있다. 또한 희토류 추출 및 정제 과정에서는 독성 물질 및 방사능 물질이 발생할 수 있다. 이는 주변 지역의 환경과 인간 건강에 영향을 미칠 수 있다.

  이러한 환경 문제를 유발하는 희토류의 가공·정제 과정을 우주에서 수행한다면, 지구의 환경 오염을 방지할 수 있을 것이다.

인류 발전의 난제, 쓰레기 처리 문제의 극복

  인류가 발전하고 사회가 고도화될수록 다양한 물건들이 만들어지고 폐기된다. 이러한 상황에서 인류가 지속해서 직면하게 되는 문제가 다양한 종류 및 대량의 쓰레기 처리이다.

이러한, 지구의 쓰레기를 우주를 이용해 처리함으로써 지구의 쓰레기 문제에 대처할 수 있다.

지구에서 발생하는 유해 폐기물을 발사체를 통해 지구 대기권 밖으로 발사하여 우주에서 처리할 수 있다. 이를 통해 지구 대기와 토양, 수질을 오염시키는 유해 폐기물을 안전하게 처리할 수 있어, 지구상의 쓰레기 매립지 부족 문제를 해결할 수 있을 것이다. 다만, 현재로서는 경제적 비용이 매우 높고, 발사체 발사 과정에서의 안전 등을 고려해야 한다. 하지만 발사체 발사 비용이 지금의 수백 분의 1로 줄어들고 안전성이 확보된다면, 핵폐기물과 같은 유해성이 높은 폐기물을 중심으로 우주를 통해 매립할 수 있을 것이다.

이를 위해, 지구 궤도나 우주의 일정 공간에 쓰레기 처리 시설을 설치하여 우주에서 직접 쓰레기를 처리할 수 있을 것이다. 또한, 지구 대기와 환경을 오염시키지 않고 안전하게 쓰레기를 처리할 수 있는 방법으로 우주 쓰레기 처리 기술 발전을 통해 새로운 산업이 창출될 수 있을 것이다.

쓰레기를 태양 방향으로 발사하여 태양의 고온에서 소각되도록 하는 방법도 있다. 태양의 고온에서 쓰레기가 완전히 소멸하여 어떤 잔해도 남지 않는 장점을 가지고 있으며, 지구 환경에 미치는 영향을 최소화할 수 있다.

쓰레기를 소행성으로 보내어 자연적으로 분해하거나 소각되도록 할 수도 있다. 또한, 소행성에서의 자원 채굴과 쓰레기 처리를 결합하여 이중의 이익을 얻을 수 있을 것이다.

이처럼 지구 환경 문제를 일으키는 원인을 우주를 활용하여 극복할 수 있을 것이다.

지구의 쓰레기를 우주에서 처리

출처 : 챗GPT를 이용하여 구현한 이미지

Part 4

인류가 앞으로
나아갈 수 있게
해 주는 우주

우주개발이 가져올 다양한 변화 및 혜택을 보면서, 많은 사람은 고개를 끄떡일 것이다. 하지만, '그 많은 우주개발을 우리도 해야 하는가?', 그리고 '왜? 지금 해야 하는가?'에 대한 질문이 계속될 수 있다.

우리는 왜? 위성과 발사체를 개발하고 우리 국민을 우주로 보내고, 우주에서 다양한 활동을 해야 할까? 이는 우주를 통한 혜택은 우주를 극복한 국가만이 가질 수 있기 때문일 것이다. 우주를 통해 다양한 혜택을 얻게 되는 국가는 그 혜택을 기반으로 자국의 발전을 꾀하고 세계 속에서 자국의 우위를 점하려고 할 것이기 때문이다. 많은 시간과 노력을 들이고 큰 투자를 통해 얻은 다양한 혜택들을 모두에게 나누어 주지는 않을 것이기 때문이다. 이러한 시대가 오면, 우주를 극복하고 우주에서 자유로운 활동을 영유하는 국가들이 세계 질서 유지 및 구축에 큰 영향력을 끼칠 것이다.

이런 시기가 오면, '스페이스 네이션(Space Nations)'이란 국제 위원회가 생겨나고 우주를 통해 벌어지는 모든 일에 대한 감독 및 심의를 수행할지도 모른다. 우리는 이러한 국가의 일원으로 자리를 잡아야 한다. 그래야만 세계에서 영향력을 가지고, 다른 국가들의 결정에 따라 행동이 제약되는 상황에 부닥치지 않게 되기 때문이다. 그러기 위해서는 우주개발의 모든 분야에 대해 주요국과 어깨를 나란히 할 수 있을 정도의 독자적인 역량을 확보하고 있어야 한다.

왜? 우주개발을 해야 하는가!

'스페이스 네이션' 위원회의 위상은 UN 안전보장이사회(UN Security Council, UN 안보리) 상임 이사국을 통해 확인할 수 있다. UN 안전보장이사회는 국제 평화와 안전을 유지하기 위한 주요 기관으로, 상임 이사국과 비상임 이사국으로 구성된다. 상임 이사국은 국제 정치에서 중요한 역할을 하며, 그들의 결정은 UN의 주요 결의에 큰 영향을 미친다. 상임 이사국은 총 5개국으로 구성되어 있으며, 이들은 모두 제2차 세계대전의 승전국들인 미국, 영국, 프랑스, 러시아, 중국이다.

상임 이사국은 안보리 결의안에 대해 거부권을 행사할 수 있다. 즉, 상임 이사국 중 하나라도 반대하면 그 결의안은 채택되지 않는다. 이는 상임 이사국의 강력한 권한을 나타낸다. 상임 이사국은 국제 평화와 안전을 유지하는 데 중요한 역할을 한다. 그들은 주요 군사적, 정치적 결정을 내리며, 필요시 평화유지군 파병을 결정할 수도 있다. 분쟁이 발생하면 상임 이사국은 중재 역할을 하며, 평화적인 해결 방안을 모색한다. 또한, 제재나 군사적 개입을 통해 문제를 해결하기도 한다.

UN 안보리는 1945년 UN 창설과 함께 설립되었으며, 상임 이사국은 당시 국제 질서를 주도했던 국가들로 구성되었다. 그리고 이들은 국제적인 문제를 해결하고 전쟁을 방지하기 위해 중요한 역할을 해 왔다. 하지만 상임 이사국 제도는 그들의 과도한 권한과 거부권 행사로 인해 비판받기도 한다. 일부 국가들은 상임 이사국의 구성이 제2차 세계대전 이후의 현실을 반영하지 않으며, 현대의 국제 질서를 반영하도록 개혁이 필요하다고 주장하고 있다.

이러한 UN의 상임 이사국은 초기 창설 때의 주요국으로 구성되어 있으며, 이후에는 새롭게 상임 이사국으로의 지위를 얻은 국가는 없다. 이처럼 초기에 국제 질서 구축의 일원으로 참여하지 못하면 향후 그러한 지위를 확보하는 것은 요원한 상황이다.

미래에 우주 활동이 인류 역사의 중요한 이정표가 된다면, 그때 우주로 나아갈 수 있는 국가만이 지금의 UN 상임 이사국과 같은 지위와 역할을 얻을 수 있을 것이다. 이때는 위성 및 발사체를 확보한 단계를 넘어서 자국의 국민을 우주에서 생활할 수 있도록 하는 역량까지 확보하고 있어야 할 것이다. 그래야 우주개발의 주도국으로서의 입지를 다질 수 있기 때문이다.

스타트렉이라는 영화가 있다. 이 영화는 우주 탐험을 주제로 하며, 인류의 발전과 탐험 정신, 다양성 존중, 평화와 협력을 강조한다. 또한, 다양한 외계 종족과의 만남, 모험, 윤리적 딜레마를 다룬다. 이야기의 중심에는 우주탐사선인 USS 엔터프라이즈(Enterprise)와 그 승무원들이 있다.

우주개발을 통해 스타트렉 영화에서 나오는 '엔터프라이즈' 호와 같은 우주선을 가지게 된다면, 이는 우주에서 움직이는 '항공 모함'과 같은 역할을 할 것이다. 이러한 우주선을 가지고 있다면, 우리의 국가 안보를 위협하는 대상은 찾아보기 어려울 것이다.

우주 항공 모함

출처 : 챗GPT를 이용하여 구현한 이미지

우주개발의 모든 부분에 있어서 우리만의 역량을 확보해야 함에 대해서는 앞의 설명을 통해 이해할 수 있을 것이다. 그럼 왜? 지금부터 우주개발을 추진해야 할까?

앞에서 설명한 다양한 상황들은 짧은 기간 내에 달성할 수 있는 일들은 아닐 것이다. 어쩌면 2~3세대, 또는 그보다 더 긴 시간이 필요할지도 모른다. 하지만, 지금 시작하지 않으면 그 시기는 더 오래 걸릴지도 모른다. 더욱이 주요 선진국들은 이미 우리보다 앞선 기술력과 투자로 더욱 먼 미래를 내다보고 전진하고 있는 상황에서 우리가 이러한 노력에 힘을 기울이지 않는다면, 앞에서 언급한 '스페이스 네이션' 가입의 가능성은 희박해질 것이다. 선진국보다 늦게 시작하였지만, 선진국이 정체된 시기에 빠르게 지금의 위치까지 올라온 우리는 다시 달리기 시작한 선진국과의 거리가 멀어지지 않도록 좀 더 과감한 투자가 필요한 시점이다.

지금까지 우주개발의 필요성, 이유에 대해 다양한 예를 들어 설명하였지만, 아직도 100% 확신을 갖지는 못할지도 모른다. 왜냐하면, 중요한 이유 대부분이 아직 현실화되지 않았으며, 실현 가능성도 요원해 보이기 때문이다. 하지만 역설적으로 이러한 불확실성이 우주에 대한 도전 및 개발이 필요한 이유가 되지 않을까 한다. 가능성이 눈앞에 보이진 않지만, 불가능하지는 않은 다양한 이유가 오히려 우리가 계속해서 우주개발을 추진해야 하는 원동력이 되지 않을까. 인류의 성장, 발전 및 지속성은 이러한 도전을 통해 나왔기 때문이다.

더욱이 앞에서 언급했던 우주개발을 통해 얻을 수 있는 많은 혜택들은 오직 우주를 통해서만 얻을 수 있기 때문이다. 우주를 개발하지 않으면 앞에서 언급된 많은 기술 발전, 지식 확장, 사회 변화 등을 누릴 수 없기 때문이다.

인류의 호기심과 탐구 정신은 우리의 본성에서 비롯된 중요한 특성이다. 이 특성들은 인류의 발전과 성공에 핵심적인 역할을 한다. 호기심은 인류가 주변 세계를 이해하고자 하는 본능적인 동기이다. 이는 어린 시절부터 나타나며, 새로운 경험과 지식을 추구하는 데 중요한 역할을 한다. 또한, 호기심은 과학적 발견과 기술 혁신을 촉진한다. 역사적으로 많은 위대한 발견은 호기심에서 시작되었다. 탐구 정신은 복잡한 문제를 해결하고 새로운 길을 개척하려는 의지이다. 이는 과학적 연구, 철학적 사유, 예술적 창작 등 다양한 분야에서 나타난다. 탐구 정신은 끊임없는 도전을 통해 인류가 현재의 한계를 넘어 더 나은 미래를 추구하도록 한다. 이처럼 호기심과 탐구 정신은 새로운 이론과 기술을 개발하고, 인류의 삶을 개선하는 데 필수적이다. 이 특성들은 창의성과 혁신을 촉진하여 문화와 예술의 풍요로움을 가져온다. 인류가 직면한 환경적, 사회적 도전에 대응하기 위해서는 끊임없는 탐구와 혁신이 필요하다. 이러한 끝없는 인류의 호기심과 탐구 정신에 대응할 수 있는 대상은 우주가 유일할 것이다.

우주개발이 왜? 필요한지에 대해 계속해서 생각하다 보면, 우주개발이 인류의 지속적인 발전과 생존에 필수적인 요소이기 때문이라는 생각을 지울 수 없다. 미국의 천체물리학자 닐 디그래스 타이슨(Neil deGrasse Tyson)은 여러 강연과 저서에서 소행성 충돌이 지구 생명에 대한 심각한 위협임을 강조하며, 이를 막기 위해서는 우주개발과 탐사가 필수적이라고 주장해 왔다. 일론 머스크는 인류가 하나의 행성에만

의존하지 않고, 화성 등 다른 행성에 거주함으로써 생존 확률을 높이는 것을 목표하며, 이를 통해 인류가 지구의 재난이나 멸종 위기에 대비할 수 있다고 믿고 있다. 세계적인 물류 기업인 아마존의 창업자 제프 베조스는 우주개발을 추진하는 이유를 지구의 자원을 보호하고 지속 가능성을 높이기 위해, 우주에서 자원을 채굴하고, 지구 환경에 악영향을 주는 제조 산업 등을 우주로 옮기기 위함이라고 이야기한다. 이러한 사람들은 인류가 장기적으로 생존하기 위해서는 우주로의 확장이 필수적이라고 믿고 있다.

인류에 앞서 지구를 지배한 종족은 공룡이다. 공룡은 약 1억 6,500만 년 동안 지구를 지배한 종족이다. 이 기간에 공룡들은 육상 생태계를 장악하며 다양한 종으로 번성했다. 공룡의 시대는 중생대의 트라이아스기, 쥐라기, 백악기로 나뉘며, 이 시기 동안 공룡들은 다양한 형태와 크기로 진화했다. 공룡은 백악기 말에 발생한 대규모 멸종 사건으로 대부분 사라졌다고 알려져 있다. 이 사건의 주요 원인으로는 다음 두 가지가 지목된다. 첫 번째는 소행성 충돌이다. 멕시코 유카탄 반도에 있는 치크술루브 충돌구는 거대한 소행성이 지구에 충돌하여 발생한 것으로 추정된다. 이 충돌은 엄청난 양의 먼지와 기체를 대기 중으로 방출하여 일시적인 기후 변화를 일으켰을 것으로 예측되며, 이로 인해 공룡이 멸종됐을 것으로 예측되고 있다. 두 번째는 화산 활동이다. 인도의 데칸 트랩에서 발생한 대규모 화산 활동은 대기 중에 많은 양의 이산화황과 이산화탄소를 방출하여 기후 변화를 초래했고, 이로 인해 공룡이 멸종됐다는 가설이다.

필자는 여기에 하나의 생각을 추가해 보고자 한다. 특별한 근거가 있는 이야기는 아니지만, 우주개발이 인류의 지속 가능성을 보장할 것이라는 믿음이 다음과 같은 생각을 하게 했다.

공룡은 지구라는 공간에 갇혀 더는 확장하여 나아갈 수 없었기에 스스로 퇴화하여 사라진 것이 아닐까? 하는 생각이다.

찰스 다윈(Charles Darwin)은 자연 선택과 진화 이론을 통해 생물 종이 환경에 적응하지 못하면 도태될 가능성이 크다는 점을 강조했다. 그의 이론에 따르면, 생물 종이 환경 변화에 지속적으로 적응하고 변화를 거듭해야 생존할 수 있으며, 그렇지 않으면 결국 퇴화하고 멸종하게 된다.

생물학적 유기체는 환경 변화에 적응하지 못하면 도태된다. 적응이 없으면 생존 경쟁에서 뒤처져 멸종할 가능성이 커진다. 지속적인 진화가 없으면 종은 환경 변화에 적응할 수 없게 되어 퇴화하고 멸종할 수 있다.

또한, 인류의 문화는 변화와 적응을 통해 지속된다. 변화하지 않으면, 그 문화는 시대에 뒤떨어져 소멸할 수 있다. 우리가 살아가는 사회는 혁신과 변화를 통해 발전한다. 정체된 사회는 결국 퇴화하여 다른 발전된 사회에 의해 대체될 수 있다.

인류는 공룡과는 다르게 지구라는 한계를 넘어 우주로 나아갈 수 있다. 이러한 우주는 우리가 상상할 수 없을 정도로 넓고 광대하다. 그렇기에 우리는 계속하여 우주를 탐험하고 우주에 도전함으로써 미래로 나아갈 수 있지 않을까 한다.

"하늘 아래 새로운 것은 없다."라는 말이 있다. 하지만 "우주 속에는 우리가 상상하지 못할 너무 많은 새로운 것들이 존재한다."

왜? 우주개발을 해야 하는가!

에필로그

'미지의 세계, 에이미와 함께' 채널 구독자는 어느새 5억 명이 됐다. 에이미는 이를 통해 큰 경제력을 확보하였으며, 이러한 부를 세계 곳곳의 저개발국가 및 어려운 이웃을 돕기 위해 지원하고 있다. 이러한 활동의 영향으로 에이미는 올해의 인물로 선정되기도 했다.

오늘은 에이미에게 중요한 날이다. 신혼여행을 떠나는 날이기 때문이다. 우주 인터넷을 통해 삶이 바뀐 에이미는 지금의 나를 있게 해 준 우주를 보고 싶어 했다. 그래서 결정한 신혼여행지가 우주 호텔이다. 당일 아침, 에이미는 화성에서 새롭게 발견된 원소를 적용한 차세대 배터리가 창작된 하늘을 나는 자동차, MtoE를 타고 근처의 우주공항으로 향했다. MtoE는 기존의 배터리에 비해 10배 이상 성능이 뛰어난 배터리를 장착하고 있어 일 년에 4~5번만 충전해도 사용하는 데 아무런 문제가 없다. 가격은 비싸지만 이러한 장점으로 인해 구매하는 데 1년이 걸렸다.

에이미가 도착한 호텔은 얼마 전에 새롭게 오픈한 7성급 호텔로, 우주 호텔 최초로 중력 생성 장치가 장착되어 있다. 그래서 지구와 같이 편안하게 걸을 수 있는 등 활동이 자유롭다. 저녁은 호텔 사장의 초대로 최초의 우주 셰프의 요리를 맛볼 수 있었다. 에이미의 다양한 사회 활동에 감동한 호텔 사장의 작은 선물이었다. 메뉴는 한 시간 전에 태평양 양식장에서 배송된 참치를 이용한 해산물 요리였다. 샐러드는 주방장 추천으로 오늘 아침에 화성에서 배송된 감자로 만든 샐러드를 먹었다. 화성 감자는 지구 감자와는 달리 폭신폭신 부드러운 식감에 조금 단 맛이 나는 것 같았다. 저녁 식사 후, 에이미는 호텔 전용 공연장에서 'S-Show'를 봤다. 우주 모험을 서커스 기반으로 풀어낸 작품이었다. 배우의 아크로바틱 연기가 뛰어났고, 시시각각 변화하는 무대 장치가 눈 돌릴 틈을 주지 않았다. 예전 미국 라스베이거스에서만 볼 수 있었던 'O-Show'와 'KA-Show'를 기반으로 연출했다고 한다.

다음 날 아침, 에이미는 2일간의 '달 기지 투어'에 나섰다. 달로 이동하는 동안 중간에 우주 휴게소에 들렸는데, 세계의 모든 간식 메뉴가 있는 것 같았다. 그중에서 한국에서 유행하는 소떡소떡을 먹었는데, 돌아오는 길에 꼭 다시 먹기로 결심했다. 달 기지에 도착해서는 다양한 연구 현장을 돌아 볼 수 있었다. 과학 실험을 하는 과학자와의 만남도 있었고, 달 얼음을 통해 물과 수소를 채취하는 과정도 참관할 수 있었다. 옆 건물에서는 달에서 생산한 물을 이용해서 맥주를 만들고 있었다. 'Moon Beer'는 뭔가 지구의 맥주와는 달리 청량감이 더 뛰어난 것처럼 느껴졌다. 달 기지에서 잠들기 전, 멀리 파란 지구의 모습을 볼 수 있었고, 반대편 창문으로는 새롭게 실험 중인 '핵융합 발전기'가 보였다. 이 발전기는 달에서 채취한 헬륨-3을 이용한다고 한다.

달 기지에서 지구 궤도 호텔로 돌아온 에이미는 마지막 밤을 보내며, 다시 한 번

파란 지구를 바라보았다. 지구는 예전보다 더 푸른빛을 내는 것 같았다. 과학자들도 지구의 환경을 오염시키는 다양한 요소들이 거의 사라져서 예전보다 더 푸른 지구를 볼 수 있다고 이야기한다. 예전의 화학 물질을 배출하던 공장들은 우주에 자리를 잡았으며, 환경 파괴의 주범이었던 화학 연료 기반의 에너지 생태계도 우주 태양광 등을 통해 대체되었기 때문이다. 지구로 돌아오는 마지막 날, 에이미와 에이든은 5년 후에는 화성으로 여행을 떠나자고 다짐했다.

출처 : 챗GPT를 이용하여 구현한 이미지

왜? 우주개발을
해야 하는가!

ⓒ 임종빈, 2025

초판 1쇄 발행 2025년 5월 13일

지은이   임종빈
펴낸이   이기봉
편집   좋은땅 편집팀
펴낸곳   도서출판 좋은땅
주소   서울특별시 마포구 양화로12길 26 지월드빌딩 (서교동 395-7)
전화   02)374-8616~7
팩스   02)374-8614
이메일   gworldbook@naver.com
홈페이지 www.g-world.co.kr

ISBN   979-11-388-4269-3 (03550)

- 가격은 뒤표지에 있습니다.
- 이 책은 저작권법에 의하여 보호를 받는 저작물이므로 무단 전재와 복제를 금합니다.
- 파본은 구입하신 서점에서 교환해 드립니다.